FAO中文出版计划项目丛书

土 壤 测 试 方 法 手 册

土壤医生全球计划
农民对农民培训计划

联合国粮食及农业组织　编著

陈保青　董雯怡　译

中国农业出版社
联合国粮食及农业组织
2021·北京

引用格式要求：

粮农组织和中国农业出版社。2021年。《土壤测试方法手册——土壤医生全球计划：农民对农民培训计划》。中国北京。

11-CPP2020

本出版物原版为英文，即 *Soil testing methods manual – Soil Doctors Global Programme - A farmer-to-farmer training programme*，由联合国粮食及农业组织于2020年出版。此中文翻译由中国农业科学院农业环境与可持续发展研究所安排并对翻译的准确性及质量负全部责任。如有出入，应以英文原版为准。

FAO中文出版计划项目丛书

引　言

　　人们日益认识到土壤资源是有限的，而且受到工业、城市活动以及农业生产等人类活动的威胁。为了防止土壤退化或土壤功能（如提供健康和营养食物等功能）的丧失或衰退，迫切需要对土壤资源进行可持续管理。土壤资源可持续管理的一个先决条件是获得可靠的资料，特别是在不同的土地利用和管理措施的情况下获取影响土壤的资料。所有的国家都有责任去获取这些资料，并据此采取相应行动，以确保世界土壤资源为农业生产继续提供必要的关键生态系统服务。

　　《土壤测试方法手册》（*Soil Testing Methods Manual*，STMM）旨在为土壤研究人员和农民提供土壤健康关键参数评价的一系列方法，以期为土壤研究人员和农民提供初步的土壤数据。在本手册中还包含一节利用视觉土壤评估（Visual Soil Assessments，VSA）提供土壤健康信息的内容。《土壤测试方法手册》是由全球土壤研究项目开发的土壤测试工具箱（Soil Testing Kit，STK）中的一部分。

　　在选择土壤参数的评价方法时，可以像表1一样根据各方法的不同特点进行选择。每一种方法在某一国家可能的限制因素都需要进行客观的评估，并用像表1中的星号来进行标注，以方便用户可以选择更适合自己需求的方法。

表1　评估方法／设备体系

方法	成本	技术	准确性	难度	需要培训	维修／更换部件	时间
方法1							
方法2							
方法3							
方法4							
其他							

注：＊低约束；＊＊中等约束；＊＊＊高约束。

　　为了向用户提供完整的和最新的方法及设备清单，土壤测试方法手册会定期接受评审。

　　在农民群体中，推广使用该土壤测试方法的相对优势是：

- 保持和改善土壤健康状况，对实现国家粮食安全至关重要；

- 根据田间测试结果可及时做出田间土壤管理决策；
- 减少国家推广服务机构和土壤实验室的工作量。

土壤快速测试工具介绍

快速土壤分析与实验室方法

土壤测试是合理施肥等可持续土壤管理的关键工具。在土壤测试实验室的工作中，往往会对标准化学方法进行适当修改，以达到大量的土壤样品测试所需要的精度和速度要求。借助一些普通或相对精密的仪器，很多测试分析可以很方便地进行。但在实验室进行土壤测试通常需要几天到几周的时间，而农民采集的样品往往也需要很长的时间才能送达土壤测试实验室。在一些国家，由于实验室能力有限，土壤测试的工作人员和设备数量不足，往往需要等待很长时间才能获取测试结果。快速土壤检测类似于医学上的初步诊断，是在缺乏土壤测试设备以及训练有素的工作人员时，所采取的快速原位土壤测试。为了评估大片田块的土壤状况，应尽早获取更多关于土壤状况的资料。

土壤快速测试对在田间分析土壤物理、化学和生物特性参数的过程进行了简化，这对评估土壤健康至关重要。土壤快速测试是为农场测试而设计的，其为农场主根据快速测试结果做出合理的管理决定提供了指导。区别于仪器分析的定量分析方法，快速测试的相关方法以定性测试为主（如染料指示、显色和快速滴定）。使用土壤快速测试工具箱提取土壤得到溶质后，将溶质与相关试剂混合，会使溶质变成某种颜色。然后，与测试工具箱中的显色表进行比较，就可以得到相关颜色的解释说明。虽然这些试验不能提供准确的值，但这些方法用于对田间土壤状况进行综合评价的结果是令人满意的。

土壤参数

Doran（2002）将土壤健康定义为在生态系统和土地使用边界内，土壤作为重要生命系统持续发挥作用以维持生物生产力，提高空气和水环境质量，维持植物、动物和人类健康的能力。土壤健康的评估是对土壤如何在不同的投入和土壤管理措施下完成其所有功能并保持这些土壤功能的评价。由于土壤健康是不可以直接测量的，因此我们需要选取一些容易被测量且对土壤功能变化敏感的土壤物理、化学和生物特性的指标。本手册提出了一套在田间比较容易被测量的土壤物理、化学和生物特性指标，来进行土壤健康的评价。关于土壤养分含量（N、P、K）的测定方法和相关说明，则可在本书的基础上，在土壤快速测试工具箱中找到（Doran 等，2002）。

　　本书在每一章节对每一种土壤性质的重要性进行了简要介绍，提出了评估它们的建议方法，以及其面向不同气候、作物和土壤类型时的潜在优势、缺点和适宜性。

目　录

土壤物理性质

土壤质地

土壤质地指的是土壤中沙粒、粉粒和黏粒的百分比或相对比例（FAO，2006）。沙粒、粉粒和黏粒是用来描述土壤单个颗粒大小的名称。土壤质地对于土壤特性、作物生产和农田整体的生产力都有着极为重要的影响（表2）。土壤质地关系到土壤保水性和水分有效性、土壤结构、通气性能、排水性能、土壤适耕性和机械通过性、土壤多样性以及供应和保持养分的能力。出于这些原因，土壤质地的测定对于农业生产十分重要。

表2 与土壤质地相关的土壤特性

序号	特性	与土壤颗粒有关的评级		
		沙粒	粉粒	黏粒
1	水分保持能力	低	中等	高
2	通气性能	好	中等	低
3	排水/入渗速率	高	中等	很慢
4	有机质分解速率	快速	中等	慢
5	紧密性	低	中等	高
6	易遭受风蚀	中等	高	低
7	易遭受水蚀	低	高	低
8	膨胀收缩潜力	很低	低	中等到很高
9	池塘、水坝、垃圾填埋场密封	不适	不适	好
10	雨后适于耕作	好	中等	低
11	污染物浸出风险	高	中等	低
12	储存植物养分的能力	差	中等	高
13	耐pH变化能力	低	中等	高
14	冬天变暖能力	快速	中等	慢
15	土壤有机质水平	低	中等	高

表3报告了评估田间土壤质地的建议方法。

表3 评估田间土壤质地的方法

方法	成本	技术	准确性	难度	需要培训	维修/更换部件	时间
视觉评价	*	*	*	**	**	*	*
带状方法	*	*	*	*	**	*	*
扔球测试	*	*	*	*	*	*	*
压球测试	*	*	*	*	*	*	*
震动测试	*	*	*	*	*	*	*

注：评估方法/设备的评估系统为：*低约束；**中等约束；***高约束。

方法1：直观感觉

说明：

土壤质地分类

图2对不同颗粒大小组合所形成的土壤质地的名称和编号进行了描述。在质地分类基础上，这里也提供了在田间评估黏土含量的方法。这一评估用于指示不同质地分类中黏土含量的多少，以及田间估计结果与分析结果的比较。土壤质地分类与黏土、粉沙和沙土的百分比之间的关系在图1中以三角结构展示。

沙粒的细分

根据土壤中极粗沙到粗沙、中粗沙、细沙和极细沙的比例可将沙质土壤进一步划分为沙土、沙质壤土和壤质沙土。根据颗粒大小分布来进行各组分的计算，所有沙粒总量取100%（图1）。

质地分类的田间评估

通过简单的田间试验和土壤成分的触感，可以在田间估计出土壤的质地类别（表4）。在此过程中，土壤样品必须处于湿润到微湿状态。与此同时，必须去除土壤中大于2毫米的碎石和其他成分。

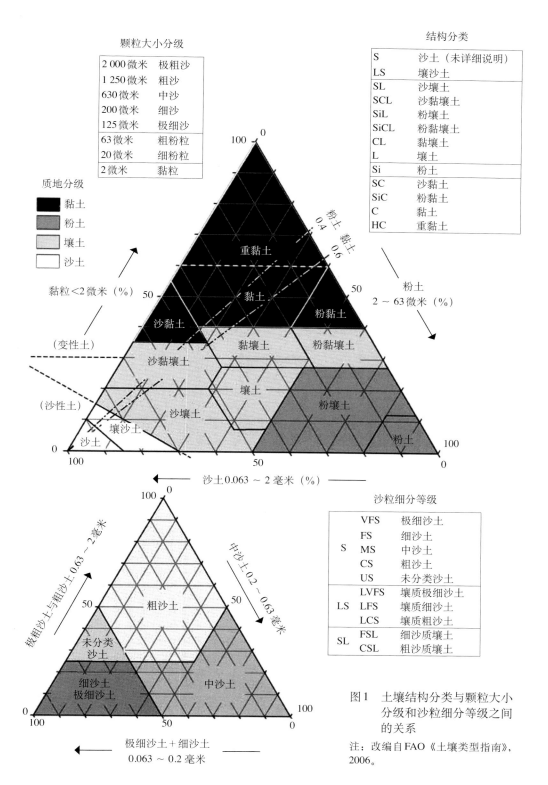

颗粒大小分级

2 000 微米	极粗沙
1 250 微米	粗沙
630 微米	中沙
200 微米	细沙
125 微米	极细沙
63 微米	粗粉粒
20 微米	细粉粒
2 微米	黏粒

结构分类

S	沙土（未详细说明）
LS	壤沙土
SL	沙壤土
SCL	沙黏壤土
SiL	粉壤土
SiCL	粉黏壤土
CL	黏壤土
L	壤土
Si	粉土
SC	沙黏土
SiC	粉黏土
C	黏土
HC	重黏土

质地分级

- 黏土
- 粉土
- 壤土
- 沙土

黏粒 <2 微米（%）

粉土 2～63 微米（%）

（变性土）

（沙性土）

沙土 0.063～2 毫米（%）

沙粒细分等级

	VFS	极细沙土
	FS	细沙土
S	MS	中沙土
	CS	粗沙土
	US	未分类沙土
	LVFS	壤质极细沙土
LS	LFS	壤质细沙土
	LCS	壤质粗沙土
SL	FSL	细沙质壤土
	CSL	粗沙质壤土

极粗沙土与粗沙土 0.63～2 毫米

中沙土 0.2～0.63 毫米

极细沙土 + 细沙土 0.063～0.2 毫米

图1　土壤结构分类与颗粒大小分级和沙粒细分等级之间的关系

注：改编自FAO《土壤类型指南》，2006。

表4 土壤质地分类要点

			黏粒含量（%）
1 不能卷出直径约7毫米（约铅笔的直径）的柱体			
1.1 不脏，不是粉状，手指上没有细粒：	沙土	S	＜5
如果不同大小的颗粒是混合的：	未分类沙土	US	＜5
如果大多数颗粒粒径很粗(>0.6毫米)：	非常粗到粗沙	CS	＜5
如果大多数颗粒为中等大小(0.2～0.6毫米)：	中沙	MS	＜5
如果大多数颗粒是比较细的(<0.2毫米)，但仍呈颗粒状：	细沙	FS	＜5
如果大多数颗粒是非常细的(<0.12毫米)，倾向于粉状：	非常细的沙土	VFS	＜5
1.2 不是粉状，是颗粒状的，在指纹里几乎没有细粒，成形性较弱，可轻微附着在手指上	壤质沙土	LS	＜12
1.3 与1.2相似但呈现出适度的粉状	沙壤土	SL(黏土贫乏)	＜10
2 可以卷出3～7毫米直径的柱状体（大约铅笔直径的一半），但是在尝试卷成2～3厘米直径的环时断裂，有适度的凝聚力，可黏在手指上			
2.1 粉状非常明显且没有凝聚力			
能感受到部分颗粒	粉沙壤土	SiL(黏土贫乏)	
不能感受到颗粒	粉土	Si	
2.2 有适度的凝聚力，能黏在手指上，手指挤压后表面粗糙并裂开			
有明显颗粒状感觉，不黏	沙壤土	SL(富含黏土)	
有适度的沙粒	壤土	L	
没有沙粒状感觉，但呈明显的粉状，有些黏	粉沙壤土	SiL(富含黏土)	
2.3 手指挤压后表面粗糙光泽适中，有黏性，可以呈颗粒状至明显颗粒状	沙质黏壤土	SCL	
3 可以卷出直径约3毫米（小于铅笔直径的一半）的柱状，形成一个直径2～3厘米的环，有黏力，可咬合，手指挤压后表面有一定光泽			
3.1 非常有颗粒感	沙质黏土	SC	35～55
3.2 可以看到或感觉到颗粒，可咬合			
可塑性适中，表面光泽适中	黏壤土	CL	25～40
可塑性强，表面光亮	黏土	C	40～60
3.3 不能看到或感觉到颗粒，不能咬合			
可塑性低	粉沙黏壤土	SiCL	25～40
可塑性强，表面光泽适中	粉质黏土	SiC	40～60
可塑性强，表面光亮	重黏土	HC	>60

注：田间土壤质地测定在一定程度上取决于黏粒矿物成分。这一评价方法主要用于含有伊利石、绿泥石和蛭石成分的土壤。含有蒙脱石的黏土具有更高的可塑性，当在使用这一评价方法时会使得成分被高估，而含有高岭石的土壤更具有黏性，其含量会被低估。

资料来源：改编自FAO《土壤类型指南》，2006。

优点：

- 根据土壤质地判断要点可以非常方便地开展工作。

缺点：

- 使用这一方法无法得到沙粒、粉粒和黏粒的准确百分比。

适宜性（气候、作物、土壤类型）：

- 这一方法适用于任何气候和土壤类型。

方法2：抛球试验

说明：

抛球试验这一快速的测试方法将有助于确定土壤中的粉土和黏土的含量是否高于沙土，前者与后者相比具有更好的持水力。这个测试将有助于快速评估土壤质地。

步骤：

- 取一把湿润的泥土，攥成一个球。

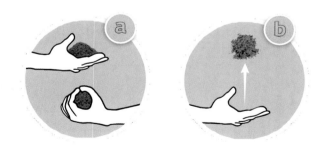

- 把球扔到大约半米高的空中，然后接住土球。
- 如果球散了，说明土壤中的沙土太多了。
- 如果球保持在一起呈几乎完整的状态，说明土壤中粉土或黏土的比例高。

优点：

- 这种方法便宜、简单，不需要任何技术知识。任何人都可以通过这种方法确定一种土壤中粉土或黏土含量是否高。

缺点：

- 这种方法不准确，且用此方法不能确定相对比例或确切百分比。

适宜性：

- 这种方法适用于所有土壤类型。

方法3：压球试验

说明：

这一快速的测试方法将有助于确定土壤中的粉土和黏土的含量是否高于沙土，前者与后者相比具有更好的持水力。这个测试将有助于快速评估土壤质地。这一测试与方法2非常相似。

步骤：

- 取一把泥土，把它浸湿，直到它开始黏在一起（不会在手上黏太多）。
- 用力攥泥土，然后张开手。

- 如果土壤保持了手的形状，则土壤中粉沙和黏土占有很高比例。
- 如果土壤没有保持手的形状，则土壤中沙土占有很高比例。

优点：

- 该方法便宜、简单，不需要任何技术知识。任何人都可以通过该方法确定土壤中粉土或黏土含量是否高。

缺点：

- 该方法不准确，不能确定相对比例或确切百分比。

适宜性：

- 这种方法适用于所有土壤类型。

方法4：摇振试验

说明：

该试验方法可用于区分黏土和粉土。粉土和黏土都有光滑的质地，很难区分两者之间的差异，即便如此，因为两者表现不同，利用这种差异进行区分也是至关重要的。

步骤：

- 取土样，淋湿。
- 制作如下图所示的土饼，直径约8厘米，厚1.5厘米。

- 把刚刚成形的土饼放在手中。
- 土饼现在是无光泽的，没有任何水在表面上。
- 在看着土饼表面的同时，从一边到另一边摇动手掌。
- 如果表面变得有光泽，那么土壤主要是由粉土组成。
- 如果表面保持暗淡，那么土壤主要是由黏土组成。
- 用手弯曲土样进行确认，如果它再次变得没有光泽，那就是粉土。

- 把土饼完全干燥。
- 如果土饼是易碎的，手指在上面摩擦时有粉尘脱落，那就是粉土。
- 如果手指在它上面摩擦时没有粉尘脱落，那就是黏土。

容重

什么是容重及其重要性

土壤容重是土壤压实度的一个指标。它是单位体积土壤中干土的重量，通常用克/立方厘米表示。表层土壤中固体约占50%，主要为土壤矿物颗粒（45%）和有机质（约5%）。剩余的50%是孔隙空间，通常由水和空气填充。作为土壤压实度的指标，土壤容重可以影响水分渗透到土壤中的速率、植物根系的增殖、土壤孔隙度、有效含水量、土壤通气性和土壤微生物活性。土壤容重的变化取决于土壤质地、土壤结构和有机质含量。一般认为不影响土壤过程和植物生长的土壤容重范围在1 ~ 1.6克/立方厘米。

理想土壤容重是土壤管理的一个函数。提高土壤有机质的管理方法是防止土壤压实而造成土壤容重的降低。表5报告了评估田间土壤容重的建议方法。

容重通常是指没有粗碎屑的土壤的容重，即根系可以延伸到的多孔的、保水的土壤容重。因此，为了进行准确的分析，在进行计算之前，应从提取的样品中去除粗碎屑，并将其重量和体积分别从土壤的干重和体积中减去。然而，当使用容重将土壤分析结果应用到地表单元时（如每公顷的灌溉用水和肥料需求量），必须考虑粗碎屑的影响（包含石块的容重）。因此，需要始终明确所采用的容重测量方法是否考虑了粗碎屑部分。

表5 评估田间土壤容重的方法

方法	成本	技术	准确性	难度	需要培训	维修/更换部件
土芯法	**	**	**	**	**	**
土块法	***	**	**	***	***	***
挖掘法	*	**	**	**	**	*

注：*便宜，使用方便，不需要培训，维护方便；**相对便宜，所需培训少，使用相对容易，维护需求少；***成本低，需要一些技术知识，需要一些培训，需要维护；****成本高，使用困难，需要培训，需要经常性维护，需要一些成本。

方法1：土芯法

说明：

这种方法使用已知体积的金属筒代表土样体积，用于计算土壤容重。筒应为圆柱形的，以便于确定其体积。将筒推入土壤到所需的深度，然后在不改变筒心内部土壤体积的情况下轻轻地取出。利用筒心得到土壤后，测量土壤质量，利用已知的筒的体积（估计的土壤体积），可以确定土壤容重。

所需材料：

- 直径7～10厘米的环（高度应该是相同的，也可以是不同的）。
- 手撬/锤子
- 木板
- 花园铲
- 平刃刀
- 可密封的纸袋和做标记用的记号笔
- 天平
- 微波炉（用于样品干燥）。在没有微波炉干燥的情况下样品也可以风干。

步骤：

- 在野外先确定采样点。尽量避免在有车辙印的地方取样，因为这里往往被压实或接近植物根系，然后清除表面的一些疏松的土壤和一些植物碎片或作物残渣。
- 然后将环插入土壤。
- 将环放在要取样的土壤表面：

①将木板放置在金属环的顶部，保证能均匀地将金属环打入土壤中。

②用手撬/锤子把环打入土壤，深度为7厘米。

- 如果金属环没有完全推入到土壤中，为了精确测量土壤体积，必须确定环的精确深度。要做到这一点，需要测量环在土壤上层的高度。然后从环的整体高度减去环在土壤上层的高度。
- 从土壤中取出环。

用手铲在金属环周围开始挖，当铲子触及到环下面，小心地把环拿出来，同时尽量防止环里的土壤减少。

- 清除多余土壤。

使用平刃刀，清除环上多余的土壤。环内土样的底部和上部应平整且与环的边缘平齐。

- 将样品放入袋子中并贴上标签。

使用平刃刀，将土壤样品从金属环内推到密封袋中。转移样品时要小心，并确保整个样品都移入到袋子中。及时密封并贴上相应的标签。

- 样品称量及记录。

将取回的潮湿土壤样品连同密封袋一起称重，然后再称量没有土壤样品时密封袋的重量。用总重量减去密封袋的重量即可得到土壤样品的实际重量（湿重，Wt）。

- 样品干燥。

①将样品放入纸袋中，然后放入烘干机内。

②将样品在105℃条件下干燥约24小时，在处理石膏含量高的土壤时，将土壤样品在40℃下放置几天（直到干燥）。

③干燥后，称量干燥样品（土＋采样袋），然后减去取样袋的重量，得到干土的重量（Wd）。

计算土壤的容重：

$$\rho = \frac{Wd}{V}$$

$$\theta_d = \left(\frac{Wt - Wd}{Wd} \right) \times 100$$

$$\theta_v = \left(\frac{\theta_d \times \rho_s}{\rho_w} \right) \times 100$$

$$V = \pi r^2 \times h$$

$$SP\ (\%) = \left(1 - \frac{\rho}{2.65} \right) \times 100$$

$$土壤孔隙含水饱和度（\%）= \frac{\theta_v}{SP} \times 100$$

公式中：ρ_s 为土壤容重（克/立方厘米）；θ_d 为质量含水量（%）；θ_v 为体积含水量（%）；Wt 为湿土重量（克）；Wd 为烘干重量（克）；SP 为土壤孔隙度（%）；ρ 为2.65＝矿物土壤颗粒密度（克/立方厘米）；h 为金属环的高度（厘米）；r 为金属环的半径（厘米）；V 为土壤体积（立方厘米）；π＝pi（3.142）。

优点：

- 相对简单，易于实施，所需设备相对简单且容易获得。
- 采集的土壤也可用于其他分析。

缺点：

- 取样时金属环会压实土壤。
- 在石质或砾石土壤上不易操作。

- 含有石膏的土壤不适合在105℃条件下加热；在这种情况下，样品必须在40℃条件下干燥几天直到恒重。

适宜性（气候、作物、土壤类型）：

- 这种方法最适合于不含砾石或有少量石块的土壤。

方法2：挖掘法

说明：

与使用圆柱形取样器来确定土壤体积的筒制法不同，挖掘法利用了水的质量和体积的关系，即1克水等于1毫升水，这是由水的密度为1克/毫升推导出来的。这种方法主要是在田里挖一个洞，然后在洞里灌入已知体积的水，直到完全灌满（洞内的水位与土壤表面相平）。这个洞的内衬是不透水的塑料，以避免水渗入土壤。注入洞中的已知体积的水量相当于占据该空间的土壤体积。然后，利用烘干或风干法在土壤干燥后确定土壤质量。

所需材料：

- 手铲或铁铲；
- 用于填充洞的不透水塑料材料；
- 量筒（1 000 ~ 2 000毫升）；
- 水（水量取决于要采集的样品数量）。

步骤：

- 用手铲或铁铲将采样点的土壤表面整理至平整。
- 使用手铲或铁铲在土壤中挖一个一定深度的洞。
- 将洞中挖出的土壤放入采样密封袋中（确保将土壤从洞中转移到采样袋的过程中没有土壤洒落损失）。
- 用塑料袋把洞套上（确保塑料袋可以完全覆盖洞，并且形状与洞的形状一致）。
- 用已知体积的水填充洞（用量筒测量水的体积）。根据水的密度，倒入洞内的水的体积相当于挖出的土壤体积（Vs）。
- 用烘箱将挖出的土壤进行干燥，然后对干燥的土壤进行称重（Wd）；在处理石膏含量高的土壤时，在40℃条件下干燥几天（直到干燥）。

计算：

- 有关容重的计算及方程式，请参阅上述方程式。

优点：

- 可在石质或砾石质土壤上进行。
- 如果进行得当，它可以提供更准确的土壤容重估算。

缺点：

- 具有一定的破坏性，挖出的土壤已不再是原状。
- 在需要采集的样品数量多时，在田间搬运水可能是个问题。

适宜性（气候、作物、土壤类型）：

- 该方法适用于大多数土壤类型和不同的气候条件。
- 在岩石和砾石土壤中效果更好。

方法3：土块法

说明：

这种方法是使用一块规则或不规则的土块，将其放入含有已知体积水的量筒中。在浸入水中后，土块会引起量筒内水体积的变化。这个新增加的体积读数代表了土壤的体积。该方法重要的是要防止水浸透到土块中去。这可以通过在土块上包裹石蜡层来实现，防止水渗透到土块中导致土壤密度被高估。以下是使用这种方法测定土壤容重时所需的一些材料和应遵循的步骤。

所需材料：

- 铁铲/手铲
- 可密封的采样袋和样品标签
- 烘箱
- 秤
- 石蜡及其熔化方法
- 带刻度的烧杯和水
- 线(50厘米)

步骤：

- 用铁铲/手铲从地上挖出一块土。
- 小心地将土放入可密封的采样袋中，并运送到实验室或加工场所。
- 小心称量样品重量(湿重，Wt)，然后在105℃下干燥约24小时后称量干燥样品的重量(干重，Wd)。在处理石膏含量高的土壤时可在40℃下连续干燥几天(直到干燥)。
- 干燥后，小心地在土块周围绑上一根线，这样土块就可以用这根线提起来。悬吊的土块与线的另一端之间的距离约为20厘米。
- 使用陶瓷碗，在50～70℃熔化石蜡。
- 然后将悬浮的土块浸入石蜡中，确保土块完全浸没在石蜡中。这有助于防止水渗入到土块中。
- 等待石蜡冷却凝固。
- 测量涂蜡土块的重量(Wx)，然后从涂蜡土块重量(Wx)中减去土壤干重(Wd)得到蜡层的重量，通过扣除蜡层的重量得到不含蜡层的土块的原始重量(Wd_2)。Wd_2是烘箱中烘干的不含石蜡的土壤重量。
- 取一个装有已知体积水(V_1)的烧杯，然后用线挂起土块，使其充分浸入装有水的烧杯中。确保样品没有接触到烧杯的底部或边缘。水在烧杯中上升到一个新的水平(V_2)，这是被土块占用的水的体积。用V_2减去V_1就是土壤的实际体积(V_3)。
- 然后根据以前方法中使用的公式计算土壤容重。

优点：

- 虽然与上面的方法相比该方法不够准确，但这种方法精确度较高。

缺点：

- 如果处理不当，土块没有很好地被石蜡覆盖，水可能会渗透土块，增加土壤的重量，这可能会导致土壤的密度被高估。
- 该方法通常比其他方法测量的容重大，因为该方法不考虑土块内部空隙，而且它使用的是干燥土壤体积，这可能比田间湿润土壤样品的体积略小。

适宜性（气候、作物、土壤类型）：

- 该方法适用于大多数土壤类型和不同气候条件。
- 在岩石和砾石土壤中效果更好。

土壤湿度

土壤湿度及其重要性：

土壤湿度代表土壤中水分的含量。这些水被保存在土壤孔隙中，即土壤颗粒之间的空间。除了孔隙内的水，还有一部分土壤水在土壤颗粒（胶体）表面上。土壤颗粒表面的水膜是由水（正电荷）与土壤颗粒所带的电荷（负电荷）的化学性质导致的。能使水保持在土壤胶体上的力被称为表面持水力和表面吸引力，统称为表面保水性。对于植物来说，这是指获得其生理生长需求的水分所需要的能量。与土壤pH等因素一起，土壤湿度是决定作物生长的重要特征，是土壤反应、土壤热量和气体交换的主要决定因素。在满足作物对水分需求的同时，土壤中的水分也有助于作物吸收溶解态盐形式的营养物质。

土壤湿度信息对于以下方面十分重要：

- 评估植物需水量和灌溉计划；
- 植物水分吸收和利用；
- 土壤储水能力；
- 土壤水分运移速率和数量；
- 决定作物产量；
- 土壤的化学和生物活性。

表6报告了评估田间土壤湿度的建议方法。

表6 评估田间土壤湿度的方法

方法	成本	技术	准确性	难度	需要培训	维修／更换部件
质量含水量	**	**	***	**	**	**
体积含水量	**	**	***	**	**	*
直观感觉	*	*	*	***	***	无
土壤张力计	****	***	***	***	***	***

注：*便宜，使用方便，不需要培训，维护方便；**相对便宜，所需培训少，相对使用容易，需要的维护少；***成本低，需要一些技术知识，需要一些培训，需要维护；****成本高，使用困难，需要培训，经常需要维护，有一些成本。

方法1：质量含水量

说明：

质量含水量是指单位质量干土的含水量。测量方法是先称量湿土壤的重量（湿重），然后将土壤干燥（一周）或者在105℃的温度下烘干约24小时以去除所有水分，然后重新称重（以确定土壤干重）。湿重和干重的差值即是土壤中的含水量。

所需材料：

- 土钻或铁铲等
- 可密封采样袋
- 天平
- 烘箱（可选，但推荐使用）

步骤：

- 按常规程序进行土壤取样，使用土钻或铁铲等从所需的深度获取土壤样品。
- 将土壤样品放入密封袋中，贴上标签，并将其运送到实验室或加工厂。
- 称量湿土的重量（Wt）。
- 用烘箱在105℃下干燥土壤约24小时或将土壤风干7天。
- 干燥后，将土壤称重，获得土壤的干重（Wd）。
- 计算土壤含水量。

计算：

质量含水量（%） $= \theta_d = \left(\dfrac{Wt - Wd}{Wd} \right) \times 100$

式中：Wt为田间湿土壤的重量（克）；Wd为干土的重量（克）。

优点：

- 该方法易于执行，不需要太多的技术知识。

缺点：

- 烘箱等一些设备可能比较贵，但可以通过风干7天来干燥土壤。
- 这种方法需要一个称量天平。

适宜性（气候、作物、土壤类型）：

- 无

方法 2：体积含水量

说明：

体积含水量与质量含水量相似，唯一的区别是，其需要将质量含水量以土壤容重为转换因子转化为体积含水量。此处提供了测量单位体积土壤的含水量的方法。有关质量含水量方法的更多信息，请参阅上面提到的方法。

$$体积含水量（\%）= \theta_v = \frac{(\theta_d \times \rho_s)}{\rho_w} \times 100$$

式中：θ_v 为体积含水量；θ_d 为质量含水量（克/克）；ρ_s 为土壤容重（克/立方厘米）；ρ_w 为水的密度（克/立方厘米），为1。

优点：

- 由于它是由质量含水量推导出来的，因此该方法假定了质量含水量测定方法的准确性。
- 当用于确定土壤中养分或碳的储量时，推荐使用该方法。

缺点：

- 结果的准确性取决于作为转换因子的土壤容重的准确性。
- 该方法需要一个称重天平（见方法1中的缺点）。

适宜性（气候、作物、土壤类型）：

- 无

方法 3：直观感觉法

说明：

土壤的感觉和外观取决于其质地和含水量。因为这些特性，土壤含水量可以通过处理时的感觉和表现来评估。使用这种方法评估土壤水分时，通常需要在每个田间采集大约3个或更多的、采样深度达到作物根部的样品。为了实施这种方法，建议根据作物、田地大小、土壤质地和土壤分层来改变取样点的数量和深度。

步骤：

- 使用土壤探针、钻或铁锹在选定的深度上获取土壤样品。
- 在获得土壤样品并处理后，将土壤样品用力地攥几次，形成一个不规则的球。
- 然后用拇指和食指从手中挤压土壤样品，使土壤形成条带。
- 仔细观察土壤的质地、挤压时形成条带的能力、土球的硬度和表面的粗糙度、水光、土壤颗粒松散度、土壤颜色和手指的染色，然后据此估计土壤水分的百分比。

表7、表8提供了关于如何使用感觉和外观方法估计土壤湿度的指南。

表7　根据不同质地土壤的手感和外观方法评估土壤湿度的指南

土壤水分含量	粗糙土壤质地：细沙和壤质细沙	中等粗糙质地：沙质壤土和细沙壤土	中等质地：沙质黏壤土、壤土、粉沙壤土	细质地：黏土、黏壤土、粉沙黏壤土
0～25%	干燥，松散，若不扰动，将黏在一起，用手用力攥后手上黏有松散的沙粒	干燥，可形成一个非常松散的球，聚集的土壤颗粒很容易从球上脱落	干燥，聚集的土壤很容易松散。手指不会沾染水污渍，用手压一下土块就会碎裂	干燥，聚集的土壤容易松散，用手压土块，土块很难碎裂
25%～50%	微湿，可形成一个非常松散的有清晰手指印记的球，手上会留下一层薄薄的松散的沙粒	微湿，可形成一个松散的有清晰手指印记的球，颜色暗淡，手指不会沾染水污渍，土壤颗粒松散易碎	微湿，可形成表面粗糙的松散的球，手指不会沾染水污渍，聚集的土壤颗粒很少脱离	微湿，可形成松散的球，聚集的土壤颗粒很少脱落，没有明显水汽，土块受压变平
50%～75%	潮湿，松散聚集的沙粒可形成松散的球，手指上可黏颗粒，颜色暗淡，手指上会黏有一定的水污渍，不会形成带状条	潮湿，可形成一个有手指印记的球。手指上有轻微的泥土/水污渍。颜色暗淡，不光滑	潮湿，可形成一个球，手指上有轻微的水污渍，颜色暗淡，具有柔韧性，在手指间可搓成一条弱的带状条	潮湿，可形成一个有明显手指印记的光滑的球，手指上有轻微的泥土/水污渍，用手指可以搓成带状条
75%～100%	湿，可形成松散的球，松散聚集的沙粒可留在手指上，颜色暗淡，手上有严重的水渍，不会形成带状条	湿，可形成球，且手上留有湿的印记，手上有轻至中等水渍，用手指可以搓成一条弱带状条	湿，可形成带有清晰手指痕迹的球，手指上会沾有轻到严重的泥土/水污渍，用手指可以搓成带状条	湿，形成小球，手指上有不均匀的中厚或严重的泥土/水污渍，用手很容易搓成带状条

土壤水分含量	粗糙土壤质地：细沙和壤质细沙	中等粗糙质地：沙质壤土和细沙壤土	中等质地：沙质黏壤土、壤土、粉沙壤土	细质地：黏土、黏壤土、粉沙黏壤土
100%（田间持水量）	湿，在手上可形成松散的球，手上会沾有中度至严重的泥土/水污渍，手上会留有球的湿轮廓	湿，可形成软球，在挤压或摇动后，游离水会短暂地出现在土壤表面，手上会沾有中度到严重的泥土/水污渍	湿，可形成软球，在挤压或摇动后，游离水会短暂地出现在土壤表面，手上会沾有中度到严重的泥土/水污渍	湿，可形成软球，在挤压或摇动后，游离水会短暂地出现在土壤表面，手上会沾有一层厚的泥土/水污渍

表8　不同质地土壤的手感和外观方法估算土壤含水量的图示指南

土壤水分含量	粗糙土壤质地：细沙和壤质细沙	中等粗糙质地：沙质壤土和细沙壤土
0～25%	干燥，松散，如果不受干扰会聚集在一起，用手用力攥时松散的沙粒会留在手上	干燥，可形成一个非常松散的球，聚集的土壤颗粒很容易从球上脱落
25%～50%	微湿，可形成一个非常松散的有清晰手指印记的球，表层松散聚集的沙粒可以留在手指上 	微湿，可形成一个松散的有清晰手指印记的球，颜色暗淡，手指不会沾染水污渍，土壤颗粒松散易碎 
50%～75%	潮湿，松散聚集的沙粒可形成松散的球，手上可黏颗粒，颜色暗淡，手指上会黏有一定的水污渍，不会形成带状条 	潮湿，可形成一个有手指印记的球。手指上有轻微的泥土/水污渍。颜色暗淡，不光滑 

（续）

土壤水分含量	粗糙土壤质地： 细沙和壤质细沙	中等粗糙质地： 沙质壤土和细沙壤土
75%～100%	湿，可形成松散的球，松散聚集的沙粒可留在手指上，颜色暗淡，手指上有严重的水渍，不会形成带状条 	湿，可形成球，且手上留有湿的印记，手上有轻至中等水渍，用手指可以搓成一条弱带状条
100% （田间持水量）	湿，在手上可形成松散的球，手上会沾有中度至严重的泥土/水污渍，手上会留有球的湿轮廓	湿，可形成软球，在挤压或摇动后，游离水会短暂地出现在土壤表面，手上会沾有中度到严重的泥土/水污渍

中等质地： 沙质黏壤土、壤土、粉沙壤土	细质地： 黏土、黏壤土、粉沙黏壤土
干燥，聚集的土壤非常松散。手指不会被湿气弄脏，用手压时，土块会碎裂	干燥，聚集的土壤容易松散，用手压土块，土块很难碎裂
干燥，聚集的土壤很松散。手指不会沾染湿气，用手压时，土块会碎裂 	微湿，可形成松散的球，聚集的土壤颗粒很少脱离，没有明显水汽，土块受压变平 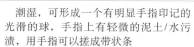
微湿，可形成表面粗糙的松散的球，手指不会沾染水污渍，聚集的土壤颗粒很少脱离 	潮湿，可形成一个有明显手指印记的光滑的球，手指上有轻微的泥土/水污渍，用手指可以搓成带状条 

中等质地： 沙质黏壤土、壤土、粉沙壤土	细质地： 黏土、黏壤土、粉沙黏壤土
湿，可形成带有清晰手指痕迹的球，手指上会沾有轻到严重的泥土/水污渍，用手指可以搓成带状条	湿，可形成小球，手指上有不均匀的中厚或严重的土壤/水层，用手很容易搓成带状条

湿，可形成软球，在挤压或摇动后，游离水会短暂地出现在土壤表面，手上会沾有中度到严重的泥土/水污渍	湿，形成软球，在挤压或摇动后，游离水会短暂地出现在土壤表面，手上会沾有一层厚的泥土/水污渍

优点：

- 这是一种快速估算土壤湿度的田间方法。

缺点：

- 虽然该方法看起来容易和快速，但方法偏主观，取决于测量者的个人经验。
- 方法不可靠。

适宜性（气候、作物、土壤类型）：

- 无

方法4：张力计法

说明：

张力计是一种密封的、真空的、充满水的管子，一端是陶瓷多孔的尖端，另一端是真空表。张力计通过测量土壤吸水力来评估土壤含水量，并用张力表示。张力大小基本上相当于植物从土壤中吸取水分所需要的能量。张力计测量的是吸附在土壤颗粒上的水，即张力计提供了植物对土壤可用水分的估计。多孔尖端的吸力通过管内的水柱传递，并显示为真空表上的张力读数，单位通常为巴、厘巴或千帕斯卡。然后利用土壤水分曲线将这些读数转换为土壤含水量。每一个吸力值，都对应着一个土壤含水量。

所需材料：

- 张力计（由圆柱形管、真空计、多孔陶瓷杯等几部分组成）
- 储水器
- 水

张力计的准备：

- 在使用前将陶瓷杯浸入水中约12小时。
- 将橡胶垫圈插入管顶，然后将压力表固定到管上并拧紧。
- 打开管子侧面的进水管，将水灌入管内，直到管子充满水。
- 将张力计在空气中放置一段时间，直到压力表出现读数。
- 试着将张力计垂直插入水中几分钟来校准张力计。确保多孔陶瓷杯接触不到容器的底部，并保持在水下至少2厘米。
- 校准后的张力计可以被带到现场进行土壤含水量的测量。

现场安装测量：

- 所选择的安装地点应至少离地块边缘10米。
- 在要插入张力计的地方用钻头钻土壤。
- 然后将张力计安装到根部深度的土壤中，并确保张力计与其多孔陶瓷杯和土壤密切接触（如果有多个张力计，可以在整个场地中选择多个有代表性的地点进行测量）。
- 为了在土壤中保持张力计稳定，可以将挖出来的土重新填入插着张力计的洞里。
- 等待大约12小时，然后从真空表中读取数据。真空表上的读数将取决于土壤的干燥或潮湿程度。较低的读数意味着土壤具有较高的含水量，而较高的读数则相反。然后，利用土壤水分曲线，将从张力计获得的读数转换为相应的土壤含水量。

优点：

- 使用方便，不需要太多的技术知识。
- 与其他间接土壤水分测量探头相比，它相对便宜。

缺点：

- 在黏性土壤中效果不好。
- 需要不断地维护，而且如果使用不当，很容易损坏。
- 在盐碱地中效果不好。

适宜性（气候、作物、土壤类型）：

- 在潮湿气候和涝渍土壤条件下，该方法可能不适用。
- 如上所述，在黏土和盐碱地中不准确。

土壤化学性质

土壤pH

土壤pH及其重要性：

土壤pH是土壤中酸度或碱度的量度。土壤pH范围为0～14，pH低于7是酸性的，而pH高于7则是碱性的。pH为7被认为是中性的（既不是酸性也不是碱性）。土壤pH是一个非常重要的土壤性质，因为它可以决定植物吸收养分的有效性。在不同的土壤pH水平下，植物可以吸收不同的土壤养分。一些土壤养分在酸性pH下可被利用，而另一些养分在碱性pH水平下可被利用。土壤pH在5.5～7.5时可以使作物获得更多的养分。有时土壤pH异常可能是某些疾病或害虫感染的征兆，如果没有做出适当的诊断分析，可能会导致作物受损或不必要的经济损失。因此，正确管理作物营养业务的一个关键因素是准确测量土壤pH。

土壤pH可以调整或校正到种植所需的正常水平。

表9报告了评估田间土壤pH的建议方法。

表9 评估田间土壤pH的方法

方法	成本	技术	难度	需要培训	部件的维修／更换	时间
pH计	***	***	**	**	***	*
比色卡	*	*	*	*	**	***
pH试纸	*	*	*	*	**	*
醋和小苏打	*	*	*	*	*	**

注：*便宜，使用方便，不需要培训，维护方便；**相对便宜，所需培训少，使用相对容易，维护需求少；***成本低，需要一些技术知识，需要一些培训，需要维护；****成本高，使用困难，需要培训，需要经常性维护，需要一些成本。

方法1：土壤pH计法*

说明：

该方法采用静电计装置，由对氢离子（H$^+$）敏感的玻璃电极组成，该玻璃电极可用来测量酸度水平。玻璃电极含有盐溶液（Na$^+$），当玻璃电极浸入土壤溶液中，土壤溶液中H$^+$与Na$^+$会发生离子交换。该方法还需要一个能产生恒定电压的参考电极，当玻璃电极浸入土壤溶液中时，参考电极产生的电压或电势，可用毫伏计进行测量。利用以上工具可以估计土壤的pH。

所需材料：

- 50 ~ 100毫升带盖水瓶
- 测量勺（汤匙）
- pH计
- 校准溶液（pH为4和7的溶液）
- 洗瓶
- 水（如果可能的话选择去离子水）
- 风干的土壤

步骤（活性土壤pH）：

- 将一勺风干的土壤（如果有天平的话称量20克土壤样本）放到水瓶里。
- 加入40毫升水（如果可能的话用去离子水）。
- 盖上瓶盖，用手用力摇动土壤溶液1分钟。
- 等待20 ~ 30分钟至全部溶解。
- 使用pH计前用校准溶液对其进行校准，以确保其正常工作。
- 最后，将pH电极插入土壤溶液中测量土壤溶液的pH。确保电极与水瓶中的土壤残渣没有接触，而是与上清液直接接触。
- pH计上得到的读数即是土壤的pH。

优点：

- 方法准确且精准。

---

* 仅用水测量的pH类型称为被动酸度。这里只测量土壤溶液（土壤水）内的酸度，而不考虑土壤交换部位的酸度。在交换位点上的酸度称为活性酸度。它是通过加水后在土壤溶液中加入一定量的氯化钾来测定的。这种pH应低于仅用水测量的pH。

缺点：

- 在一些地区或国家，pH计在农场可能并不容易获取。

适宜性（气候、作物、土壤类型）：

- 无

方法2：比色卡法

说明：

该方法使用的是pH指示剂（通用指示剂）。这些化合物与酸性或碱性溶液混合时颜色会发生变化。在估计土壤pH时，根据氢离子或氢氧根离子的浓度将这些指示剂添加到土壤溶液中，土壤溶液的颜色会发生相应的变化。然后将相应的颜色变化与pH比色卡进行比较。这些卡片有一系列代表pH从0～14范围内变化的颜色。将从土壤溶液中获得的颜色与比色卡的颜色相匹配，就可以估计土壤的pH。

所需材料：

- 50毫升带瓶盖且有刻度的水瓶
- 量勺（或汤匙）
- 通用pH指示剂
- pH比色卡
- 水（如果可能的话选择去离子水）
- 风干的土壤

步骤：

- 取半勺土壤放入50毫升水瓶中。
- 将2～3滴通用指示剂溶液滴入土壤中。指示剂与土壤充分混合后，就会呈现出某种颜色(从蓝色到橙色)。
- 将获得的颜色与pH比色卡进行匹配。
- 匹配的结果即是估计的土壤pH。
- 当用石蕊试纸代替比色卡时：
①取半勺土壤放入50毫升水瓶中。

②在土壤中加入大约20毫升的水（确保土壤不会太湿）。

③将石蕊试纸与土壤溶液接触，石蕊试纸会变色。

④将石蕊试纸的颜色与比色卡匹配。

⑤匹配的结果即是估计的土壤pH。

优点：

- 该方法快速，可用于现场pH范围的估计，相对容易。

缺点：

- 只能通过比色卡估计土壤pH，不能提供精确的pH。

适宜性（气候、作物、土壤类型）：

- 无

方法3：土壤pH试纸

说明：

pH试纸法使用的原理与通用指示剂溶液原理相同，不同之处是指示剂不是溶液而是一张纸。取一定量的土壤（2～3匙）与大约500毫升的水混合（如果可能的话用去离子水），然后用手剧烈摇动3～5分钟。溶液静置一段时间使土壤颗粒沉淀。溶液沉淀后，将试纸插入溶液中。根据溶液的pH，试纸的颜色会发生变化。然后将颜色变化与pH比色卡相匹配，以估计土壤的pH。

所需材料：

- pH试纸和比色卡
- 带刻度的容器（烧杯或透明塑料容器）
- 水（如果可能的话用去离子水）
- 测量勺或汤匙

步骤：

- 将2匙风干土壤放入到容器中。
- 在容器中加入约500毫升去离子水。

- 用手摇动3～5分钟。
- 溶液静置5分钟左右。
- 溶液沉淀后，将试纸插入溶液中，观察试纸的颜色变化。
- 试纸颜色变化后，将试纸上的颜色与对应的比色卡进行匹配。得到的匹配结果即是对土壤pH的估计。

优点：

- 该方法快捷，不需要太多训练。
- 可以快速确定田间土壤的pH。

缺点：

- 只能通过比色卡估计土壤pH，不能提供精确的pH。

适宜性（气候、作物、土壤类型）：

- 无

方法4：醋和小苏打试验

说明：

这种方法是基于醋和小苏打的pH，以及它们如何与不同pH的材料或化学物质发生反应。醋是酸性的，当它与碱性物质接触时，就会产生泡沫、气泡和嘶嘶声。小苏打是碱性的，当它与酸性物质接触时，也会产生泡沫、气泡和嘶嘶声。由于上述醋和小苏打的化学性质，这些化合物可以用来粗略估计田间土壤的pH。如果醋与土壤发生反应，那么土壤是碱性的，同样，如果小苏打与土壤发生反应，那么土壤是酸性的。

这只是对土壤pH的快速估计，它既不能提供土壤pH的范围，也不能提供绝对值。它只是给出了土壤是酸性、碱性还是中性的概念。因此，使用这种方法获得的结果需要使用更准确的方法进一步确认。

所需材料：

- 手铲或铁铲
- 装土的容器（陶瓷杯或任何可以用于装土壤而不干扰反应的东西）
- 醋

- 小苏打
- 装满水的容器（如果可能的话用去离子水）
- 任何可以用来搅动土壤水混合物的东西（勺子甚至木制材料）

步骤：

- 现场确定采样点。
- 清除取样点上的所有植被、叶子或根屑。
- 使用手铲或铲子，从所需深度处取一些土壤。
- 尽可能去除土壤样品中的植物根或碎屑。
- 将土壤放入杯子或容器中。
- 在土壤中加入一些水，把它变成泥浆（不要太湿也不要太干，要有一定的稠度）。
- 酸度试验：

①在已经准备好的土浆中加入大约半杯的小苏打，轻轻搅拌（1 ~ 2分钟）。

②如果在搅拌后，土壤发出嘶嘶声，形成气泡或泡沫，那么土壤是酸性的。

- 碱性试验：

①在已经准备好的土浆中，加入大约半杯醋，轻轻搅拌（1 ~ 2分钟）。

②如果在搅拌后，土壤发出嘶嘶声，形成气泡或泡沫，那么土壤是碱性的。

优点：

- 这种方法快速、简单，所有人都可以在没有任何土壤技术知识或特定设备的情况下进行测试。

缺点：

- 该方法不能提供土壤pH的确切值或绝对值，而只能表明土壤是酸性的还是碱性的。因此，所获得的结果仍然需要使用更准确的方法进行验证。

适宜性（气候、作物、土壤类型）：

- 无

土壤盐分

土壤盐分及其重要性：

易于溶解的盐可以通过毛细管从含盐的地下水位转移到土壤表面，并通过蒸发过程而在土壤中积累。如果灌溉时没有适当注意土壤中盐类的排水和淋溶，就会发生盐碱化。土壤中盐分的增加可能因海水浸入累积引起，也可能由自然累积引起。土壤盐分的增加，可能会导致土壤和植被退化。土壤中最常见的盐是阳离子 Na^+、Ca^{2+}、Mg^{2+}、K^+ 与阴离子 Cl^-、SO_4^{2-} 的组合。

表10报告了田间土壤盐分的评估方法。

表10 田间土壤盐分的评估方法

方法	成本	技术	准确性	难度	需要培训	维修／更换部件	时间
电导率	**	**	***	**	**	**	*
饱和土浆	**	***	***	***	***	**	***
1∶1比率	**	**	**	*	**	**	*
视觉症状	*	*	*	**	***	*	*
硫酸盐和氯化物的存在	*	**	*	**	**	**	**

方法1：电导率

说明：

电导率（EC）是在任何特定温度下溶液携带电流的能力或样品中可溶性盐浓度的测量结果。EC的测量受到溶解 CO_2、温度和各种离子的性质以及它们的相对浓度的影响。EC可以在现场或实验室使用电导率仪来测量，在获得溶液电阻后，用其倒数来表示电导率。电导率变化范围可从蒸馏水的小于0.02分西门子／米（dS/m）到高盐水的大于20分西门子／米。

所需材料：

- 电导率仪
- 电导池
- 移液管

- 温度计
- 烧杯

步骤：

- 第一步涉及电导率仪的校准。
- 按照制造商的使用说明校准电导率仪。
- 用水彻底冲洗电导池（如果可能的话用去离子水），然后干燥。
- 用被测溶液充分冲洗电导池几次。
- 将约75毫升的水样放入100毫升的玻璃烧杯中，然后将干净且干燥的电导池放入玻璃烧杯中。
- 记录读数，即溶液的电导率。
- 温度为25℃时，结果用分西门子/米表示。如果测量是在另一个温度下进行的，则应进行校正。
- 使用0.01摩尔/升KCl溶液检查电导率仪的精度，该溶液在25℃下应给出1.413分西门子/米的读数。
- 读数以毫姆欧/厘米或分西门子/米记录。

优点：

- 该方法的读数非常准确。

缺点：

- 需要一个测量电导率的特定装置。
- 有很高的污染风险，从而容易导致产生错误的读数。
- 需要在25℃的温度下才能给出精确读数。
- 需要仔细阅读仪器使用说明。

适宜性（气候、作物、土壤类型）：

- 无

方法2：饱和土浆电导率

说明：

该方法使用饱和土浆中的萃取液来测定土壤盐碱性。该方法还可以获得可溶性阳离子和阴离子，并估计其他重要参数，如钠吸附比，也可以预测可交换钠百分率。因此，在涉及盐度的情况下，通常采用这种方法。饱和萃取液中分析的阳离子主要是钙离子、镁离子、钾离子和钠离子，而阴离子为硫酸根离子、碳酸根离子、碳酸氢根离子和氯离子。

所需材料：

- 陶瓷皿
- 药匙或搅拌匙
- 真空过滤系统
- 天平
- 水（如果可能的话用去离子水）
- 滤纸
- 收集滤液的小瓶

步骤：

- 称取 200 ～ 300 克风干土壤(<2毫米)放入陶瓷皿中。
- 慢慢地加水(如果可能的话用去离子水)，搅拌，直到土壤变成糨糊，即表面没有可见的水。
- 将糨糊静置沉淀1小时，如果需要的话，再加些水，得到如上所述的糊状物。
- 将糨糊放置约12小时（最多16小时），然后在装有滤纸的布氏漏斗中用真空过滤系统过滤。
- 将滤液收集在一个小瓶中并保存起来，用于后续的电导率测量。

优点：

- 方法准确。

缺点：

- 结果会因土壤质地和初始土壤含水量不同而不同。
- 需要一定专业经验，因为每个样本需要添加不同量的水。
- 为了得到准确的结果需要准备的材料数量较多。
- 成本高。
- 见方法1的缺点。

方法3：电导率1∶1比例法

说明：

1∶1比例法是一种用尽可能少的材料测量土壤盐分的简单方法。它速度快，价格便宜，还能很好地了解土壤的盐度。与上述两种测量土壤盐度的方法一样，它需要使用测量电导率的仪器。

所需材料：

- 土壤样本
- 水
- 电导率测量仪
- 混合杯

步骤：

- 获得土壤样品，并在样品中加入相同比例的水。例如，在10克土壤中加入10毫升水。
- 将土壤样品与水混合，让其静置约20分钟。
- 30分钟后，测量其电导率（测量电导率步骤见方法1）。

优点：

- 该方法快速、简便，不需要太多的技术知识。
- 该方法成本低，因此可以用于测定大量样本，还可测定同一地块的空间分异规律。

缺点：

- 虽然该方法便宜、快速、简单，但它需要的仪器不是很普遍，而且仪器价格昂贵。
- 它相对准确，但精准度不如其他方法（如上所述）。
- 见方法1的缺点。

方法4：硫酸盐和氯化物的存在

说明：

许多导致土壤盐度的可溶性盐是硫酸盐（如 Na_2SO_4 或 $Na_2SO_4 \cdot 10H_2O$）或氯化物（如 NaCl 或 KCl）。了解盐度的性质将有助于找到合适的处理方法。溶液中硫酸盐（SO_4^{2-}）或氯离子（Cl^-）可以很容易地在现场分别通过含钡或银离子的特定试剂进行检测，使其形成硫酸钡（$BaSO_4$）或氯化银（AgCl）沉淀被检测出来。这一检测硫酸盐的方法对测定石膏（$CaSO_4 \cdot 2H_2O$）的存在也适用，因为石膏也是不可溶盐（溶解度在2.3克/升左右）（Porta 和 Lopez-Acevedo，2005）。

所需材料：

- 2支试管（玻璃或透明塑料）
- 小漏斗
- 滤纸
- 10%氯化钡溶液（检测硫酸盐）
- 5%硝酸银溶液（检测氯化物）
- 小刀或抹刀
- 去离子水

步骤：

- 用抹刀尖部取一小块土壤，放入试管中。加入去离子水，使土壤与水的比例约为1∶10，然后用力摇动几秒钟。将漏斗放入第二个试管中，漏斗里放入滤纸，倒入待过滤的混合物。等几分钟，直到试管中有大约1厘米的滤液。在滤液中加入一滴氯化钡（检测硫酸盐）或硝酸银（检测氯化物）。如果形成大量沉淀，说明含有硫酸盐或氯化物。

优点：

- 可直接应用于土壤、盐壳、堆积物甚至水域（地下水、灌溉水），是非常快速的田间试验方法。

缺点：

- 这是一个定性测试，不能测量盐的绝对量，需要额外的实验室测量。

方法5：田间症状（土壤盐碱化的视觉特征）

说明：

盐碱化土壤在土壤溶液和黏土颗粒中都含有很高比例的可溶性盐，大多数植物在盐碱化土壤中不能生长，或者它们的生长会发生很大的变化，所以可以使用视觉特征来评估土壤是否受到盐的影响。因此，该方法采用视觉特征来指示土壤盐碱化 [国际干旱地区农业研究中心（ICARDA），2007]。

土壤盐碱化的视觉特征包括以下内容：

- 作物生长参差不齐；
- 土壤表面有盐结晶；
- 松软干燥的土壤；
- 存在耐盐物种和杂草；
- 土壤表面呈浅灰色或白色；
- 一些地区的土壤中作物可能需要更长的时间才能生长。

由于耐盐植物和盐碱化土壤的种类会因地区、气候等的不同而有所不同，因此鼓励推广者和培训者使用当地的一些案例进行土壤盐碱化的展示。

优点：

- 在某些地区，由于没有仪器或实验室可用来测量土壤盐碱度，不同的因素造成盐碱化可能成为一个难题，在这些地区利用视觉特征是确定土壤是否含盐的好方法。
- 不需要任何材料。
- 这种方法比较便宜。

缺点：

- 这种方法需要在盐碱度评判方面有专业技术和经验。
- 视觉症状可能因土壤类型和气候而异。
- 在耕作土壤中，可能没有土壤盐碱化的视觉特征。
- 当有视觉指标时，可能为时已晚，因为土壤可能盐含量已经较高。
- 这种方法不是很准确。

土壤生物性质

生物活性

生物活性及其重要性

土壤生物活性是一种土壤参数，可作为土壤功能的指标，即土壤质量或健康状况。它假设土壤的生物成分是决定土壤健康的最重要的特征之一，其由大的土壤动物和土壤微生物组成。土壤生物活性是用来评估或确定土壤健康的工具，土壤生物活性可影响土壤有机质的周转，进而对土壤中作物生长所需养分的有效性和农田养分循环起到至关重要的作用。

土壤生物活性是土壤中多种生物共同作用的结果，可以通过不同的土壤性质来衡量或评估，包括微生物种群的多样性和丰度、生物分解土壤有机质的速率以及在这个过程中二氧化碳排放的变化。在这些过程中，生物体种类越多、数量越多，土壤有机质分解速度越快，土壤质量就越高。

表11报告了评估田间土壤生物活性的建议方法。

表11 评估土壤生物活性的方法

方法	成本	技术	准确性	难度	需要培训	维修／更换部件
蚯蚓密度	*	*	*	**	**	无
凋落物分解(网袋法)	*	*	*	**	**	无
活性/不稳定碳	***	**	**	***	****	***
土壤呼吸（碱石灰）	****	****	***	****	****	****

注：*便宜，使用方便，不需要培训，维护方便；**相对便宜，所需培训少，使用相对容易，需要维护少；***成本低，需要一些技术知识，需要一些培训，需要维护；****成本高，使用困难，需要培训，需要经常性的维护，有一些成本。

方法1：蚯蚓密度

说明：

蚯蚓密度是一种评估土壤生物活性的方法，包括计算田间单位面积蚯蚓的数量（丰度）。该方法的假设是计数越高，土壤质量越好。这一假设是基于蚯蚓在土壤中的某些功能作用，如它们的捕食和穴居活动可加速有机质分解，并增强了土壤的物理结构和养分循环。除了蚯蚓数量信息，蚯蚓的种类信息也对于了解蚯蚓的生态作用十分重要。

所需材料：

- 卷尺
- 标识标牌（木棍、铁丝或木架）
- 自来水（需求量将取决于取样面积）
- 铁锹（如果可能的话选择平刃铁锹）或手铲或铲子
- 塑料板或托盘
- 带盖子的塑料容器，用于收集要计数的蚯蚓
- 镊子或钳子、标签、永久性记号笔
- 芥末溶液：将芥末粉溶于水中制成溶液（两汤匙溶于两升水中）
- 冰盒和冰袋

步骤：

- 首先，确定田内的采样区域，然后清除地表植被。如果有凋落物层，把它转移到塑料板或托盘上，人工对蚯蚓进行分类。
- 用卷尺在地里测量1平方米作为取样区域，在地下挖20～30厘米深。这个深度相当于大多数植物的根的深度。
- 将挖出的土壤放在塑料板上，对土壤中含有的所有蚯蚓进行人工分类，并将它们放置在有标签的塑料容器中。如果可能的话，按种类区分蚯蚓，并将它们放置在不同的收集容器中，然后相应地贴上标签。
- 可选或作为附加步骤：将洞底铲平，然后把芥末溶液慢慢地倒在已经挖好的土坑里。在倒入溶液一段时间后，深埋的蚯蚓应该会移动到地表。然后将蚯蚓收集到各自的容器中。保持容器避光，并将蚯蚓放在一个凉爽的区域（装在冰盒里），直到它们可以做下一步处理。
- 最后统计并记录收集到的蚯蚓总数。蚯蚓的数量按其单位收集面积计算(即蚯蚓数量/取样面积，通常为1平方米)。
- 或者，芥末溶液可以倒在土壤上（不挖土），让它渗透一段时间。这也可以导致蚯蚓移动到地表。然后可以收集和计数，并在可能的情况下进行识别。
- 另外，还可以采取另外一种方法，即在土壤中轻度通电，用电刺激蚯蚓，使蚯蚓移动到土壤表面，然后即可收集和计数。但是，需要注意的是这种改进的方法需要设计和建造电气化装置，可能需要将锂电池连接到转化器上进行供电。

优点：

- 该方法简单，不需要太多的技术知识就可以实现。

缺点：

- 这一方法只代表土壤生物活性的个例，因为它仅仅是面向一种土壤生物。
- 取样的成功与否取决于土壤的某些特性（如水分有效性）。

适宜性（气候、作物、土壤类型）：

使用该方法时需要考虑一些特殊条件，包括采样期间的土壤湿度水平。蚯蚓喜欢潮湿的土壤，所以它们往往集中在含水量较高的土层。其他需要考虑的方面还有有机质含量和土壤质地。由于这些土壤性质的变化，为了获得具有代表性的样本，需要在不同的采样时间和覆盖更广的区域内进行取样和蚯蚓计数。

方法2：凋落物分解（网袋法）

说明：

分解过程代表了包括栽培生态系统和牧场生态系统在内的大多数陆地生态系统中固定碳和营养物质的主要通量，量化凋落物分解损失和土壤有机质中结合养分的相关变化对生态系统功能评价具有重要意义。植物凋落物分解是一个重要的土壤生物过程，它决定着碳和养分的积累，也决定着养分以植物、土壤生物可利用形式释放的速率和时间。营养物质释放与作物营养需求同步性是十分重要的，特别是在有机管理系统中，或在作物较少依赖化肥或植物营养的小农系统中。凋落物分解与养分循环动态是由不同因素控制的，包括有机质的性质和土壤属性（如温度、湿度、酸度和微生物种群）。有机物质在土壤中分解和养分循环的速度是评价生态系统功能或某一管理措施有效性的重要内容。

当前有几种方法可以用来确定凋落物的分解速率，网袋法是其中之一。该方法简单，可以由农民在田间实施，不需要依赖专家。该方法包括测量某种有机材料的质量损失。将一个已知质量的有机材料（网袋）埋在田间一定时间，然后回收，以确定其在田间培养过程中损失质量的百分比。

所需材料：

- 网袋（注意袋的材质和网格大小）
- 天平
- 用于收集或携带田间回收网袋的收集袋
- 在田间培养期间用于标记埋放网袋地点的钉子，便于识别

步骤：

- 在田间培养前先将网袋风干大约7天。
- 风干后，测量每个网袋的重量（此重量为分解前的初始重量）。
- 然后把网袋带到田里进行培养。
- 遵循抽样原则，每片田至少确定4个地点来培养网袋。
- 将网袋埋在土壤表层以下约7厘米深的地方。网袋埋入田里后，在埋好网袋的旁边放一个标记钉，标记其位置，以便于培养时间过后再取出。明确每个袋子放置地点，并贴上相应的标签以备记录。
- 将网袋留在田间培养3个月。
- 经过3个月的田间培养，将网袋从田间回收。确保去除附着在茶包上的有机物质，包括土壤。
- 从田间收集后，将网袋风干7天，然后测量它们的重量（这是最终的重量）。
- 进行计算，以确定在培养期内凋落物分解损失的质量百分比。

计算：

$$质量损失百分比 = \left(\frac{Wi - Wf}{Wi}\right) \times 100$$

式中：Wi 为田间培养前的初始网袋质量（克）；Wf 为田间培养后的最终网袋质量（克）。

优点：

- 该方法简单直接。
- 不需要任何专门或特定的技能。

缺点：

- 该方法可能会低估分解速率，因为网袋中不包含部分土壤生物。
- 该方法改变了分解发生的微气候，因此可能延迟或加速分解过程。
- 该方法不能研究土壤质地或结构对分解的影响，因为凋落物与整个土

壤环境是分离的。

适宜性（气候、作物、土壤类型）：

- 在土壤有机质含量较高的土壤中，该方法可能高估了分解过程。
- 在潮湿气候下，周围土壤中溶解的有机碳可能进入装有凋落物的袋中，从而可能低估分解过程。

方法3：活性有机碳

说明：

活性有机碳是土壤总有机质的一部分，其很容易被土壤生物分解，是一种极易被微生物群落所利用的能量物质，并且可通过矿化为植物提供养分。活性有机碳既可以作为土壤生物活性的指标，也可作为土壤健康的指标。活性有机碳可以被温和或强氧化剂所氧化，因此可以通过观察氧化剂颜色变化来对其进行测定。在具体测定中，通常将土壤与已知浓度的高锰酸钾（$KMnO_4$）（一种氧化剂，颜色为深紫色）混合，随着氧化反应的进行，会观察到高锰酸钾的颜色逐渐变淡。采用分光光度计测定其吸光度，就可以确定活性有机碳的含量。对于简单的现场评估，在没有便携式手持色度计的情况下，单纯通过颜色变化观察也是可以的。

活性有机碳可以作为土壤生物活性的指标，其可以用来揭示一些农业管理措施的效果。它与土壤呼吸、土壤微生物量以及潜在可矿化氮等一些土壤生物活性指标呈正相关关系。与土壤有机质或土壤总有机碳不同，活性有机碳对土壤管理措施反应迅速，这使其成为评价管理措施的重要指标。

所需材料：

- 0.02摩尔/升高锰酸钾（$KMnO_4$）；
- 带盖的透明离心管（50 ~ 100毫升）；
- 天平；
- 药匙；
- 黑色塑料袋或托盘；
- 计时器；
- 手持式色度计（如果有）；
- 0.1摩尔/升氯化钙（$CaCl_2$）（如果有，可选）；

步骤：

- 按照田间土壤取样的步骤，确定田间的取样点。
- 每个采样点取约50克的代表性土壤样品。
- 将土壤铺在黑色垃圾塑料袋或托盘上，让样品在阳光下风干约15分钟。
- 用手压碎土壤，使其达到粒度均匀一致（如果没有筛子，可以用这一步代替土壤筛分）。
- 然后称量5克土壤，并将其放入离心管中。
- 加入约35毫升的0.02摩尔/升 $KMnO_4$，用手摇动溶液约2分钟。
- 溶液静置沉淀约5分钟。
- 然后等待土壤溶液变色。高锰酸钾呈深蓝紫色，在土壤中的不稳定有机碳被氧化时，试管中的溶液与 $KMnO_4$ 混合后的颜色变淡。因此，在测试来源于不同管理措施下土壤样品时，溶液颜色较浅的土壤通常具有较高的不稳定碳含量。
- 可选步骤：如果有手持色度计，可以使用它来进一步量化溶液的颜色变化。具体测定方法为：使用移液管从离心管中吸取0.1毫升的溶液，然后用10毫升去离子水进行稀释，用手持色度计测量并读取550纳米波长处的吸光度。与此同时，为了便于土壤颗粒的快速沉降，得到不会干扰颜色读数的澄清上清液，可在土壤溶液中加入0.1摩尔/升 $CaCl_2$ 溶液。这有助于土壤颗粒絮凝，加快土壤在静置期间的沉降。

优点：

- 在有相关设备和培训的前提下，该方法容易操作。
- 该方法价格低廉，适用于现场。

缺点：

- 如果没有色度计，该方法不能给出活性有机碳的定量测量，而只能用于活性有机碳的定性比较。
- 该方法的有效性取决于土壤中活性有机碳的浓度。对于碳浓度较高的土壤，这种方法可能会低估土壤中活性有机碳的含量。

适宜性（气候、作物、土壤类型）：

- 在有机质含量较高的土壤如泥炭土（有机土）或黑土中，该方法可能导致活性有机碳的估计偏低。这是因为 $KMnO_4$ 的浓度和数量可能不足以完成氧化过程。对于这些土壤，有必要在测试前对$KMnO_4$的浓度进行进一步确定(不仅限于这里推荐的0.02摩尔/升)。此外，如果样品中总碳的含量过高，可能影响到使用色度计测定活性有机碳含量的准确性。

注：

配制0.02摩尔/升$KMnO_4$溶液

$KMnO_4$的摩尔质量$=39(K)+55(Mn)+16 \times 4(O)=158$克/摩尔

0.02摩尔/升$KMnO_4 =0.02$摩尔/升$\times 158$克/摩尔$=3.16$克/升$KMnO_4$

因此，将3.16克$KMnO_4$溶解在1升去离子水中，得到0.02摩尔/升$KMnO_4$。

方法4：土壤呼吸（碱石灰）

说明：

土壤呼吸是二氧化碳从土壤中释放出来的过程。二氧化碳是由植物根系呼吸和微生物分解土壤有机质产生的，在有些类型的土壤中，还会通过土壤中的碳酸盐溶解产生。土壤呼吸是表征土壤生物活性的重要土壤过程之一，其可以用来评估土壤管理措施的有效性。良好的农田管理措施会提高土壤有机质的积累和微生物种群的多样性，这样的土壤会产生大量的二氧化碳。由此，根据土壤二氧化碳的排放情况可以揭示土壤微生物的活动。

有几种方法用来估计土壤呼吸，其中一些是在实验室中进行的，而另一些是在野外使用的。碱石灰是氧化钙和氢氧化钠的混合物，用于在田间测量土壤的呼吸作用。该方法是基于石灰吸收二氧化碳的能力。其基本原理是二氧化碳的吸收会导致石灰质量增加。由于吸收二氧化碳而增加的质量，被假定为从土壤中释放的二氧化碳量。将已知重量的碱石灰放在一个封闭的箱体中24小时，然后将其从现场取回进行称重，碱石灰的初始重量和最终重量之间的差异反映了从土壤中释放的二氧化碳量。下面是该过程的化学反应：

$$2NaOH+CO_2 \rightarrow Na_2CO_3+H_2O$$
$$Ca(OH)_2+CO_2 \rightarrow CaCO_3+H_2O$$

所需材料：

- 碱石灰（氧化钙和氢氧化钠的混合物）
- 箱体（可以是食品加热用的盖子，也可以是任何圆柱形的金属，也可以是家庭用来装水的桶），最好是白色或银色材料。

- 铝箔
- 分析天平（结果显示至少两位小数）
- 烘箱（烤箱或任何可以用来干燥水分的材料）
- 陶瓷杯或玻璃材料
- 干燥器（如果有）
- 喷雾器（可以使用发胶瓶以及任何有喷嘴的容器）
- 水
- 钢丝支架

步骤：

- 箱体组装及现场安装

①箱体可以是切断底座的聚乙烯塑料桶。桶的内径应在30～40厘米。桶的盖子要密封良好。根据可用材料灵活运用；但是，盖子要求密封良好，因为这对于防止箱体内外气体交换至关重要。为了减少箱内的热量积累，白色的箱体比深色的箱体更好。为了进一步减少热量的累积，可以使用铝箔覆盖箱体来反射太阳光。

②箱体边缘至少留2厘米，以便用箱盖进行适当的密封。

③在进行测量前几周（1～3周），需要将箱体放置在田间并插入地面1～2厘米深。这有助于减少土壤扰动对测量的二氧化碳造成的影响。将箱体插入地面后，打开，直到放入碱石灰，以避免二氧化碳在箱内积聚。

④为了减少箱内植被的影响，将所有植被都修剪至地表高度。

⑤在野外放置过程中，盖子顶部放置一些重物（如石头），以牢固地固定盖子。

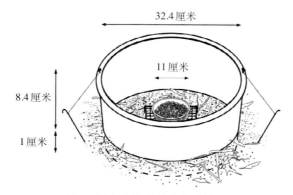

图2　插入土壤中的箱体设计图

　　装有碱石灰的陶瓷杯置于钢丝支架上，箱体上部距离地面的高度为8.4厘米。此空间为二氧化碳从土壤中排放留出了空间。箱体插入土壤中的深度为1厘米。

⑥应采取一定的控制手段，避免周围土壤排放的和大气中的二氧化碳进入到箱体中。

- 碱石灰

①用一个直径10～15厘米的惰性陶瓷杯，称量重约50克的碱石灰颗粒。颗粒的质地不应太细，理想大小为4～8目（2.4～4.8毫米直径）。

②用烤箱（或任何可用的方法）将碱石灰在105℃下烘干，直到达到恒定重量（约14个小时），然后将碱石灰冷却约30分钟。冷却时，用布盖住装有碱石灰的陶瓷杯，以防止房间中的二氧化碳和水汽被吸收到碱石灰中。

③然后将干燥后的碱石灰称重，得到干重。

④称重后将陶瓷杯密封，以避免大气中的二氧化碳吸收到碱石灰上。然后把它们放在箱子里运往现场。

⑤在现场，小心地打开装有碱石灰的陶瓷杯，用水（8毫升）喷洒碱石灰，确保所有颗粒喷涂得均匀。喷洒的水相当于碱石灰干燥过程中损失的水量（二氧化碳与碱石灰中的氢氧化物只能在有水存在的条件下发生反应）。

⑥然后将装有碱石灰的陶瓷杯放在预先放置在野外的箱体内（塑料桶）中。将陶瓷杯放置在钢丝支架（或任何不会影响二氧化碳从土壤中释放出来的东西）顶部。

⑦将碱石灰放入箱体后，用盖子小心地盖在箱体上，在上面放一些重物（如石头），以保证盖子不发生移位，然后等待大约24小时。精确地记录箱体关闭和碱石灰回收之间的时间，以便计算准确的封闭时间。对照试验也应按照本步骤严格地进行控制处理，以排除环境因素的影响。

⑧培养1天后，将碱石灰从地里回收。确保装有碱石灰的陶瓷杯像初始时一样密封完好，将陶瓷杯装到箱子里，运回后将其再次干燥并称重。

⑨将陶瓷杯中的石灰烘干14小时，等待30分钟冷却，然后重新称量。对照也要进行类似的操作。

⑩进行计算，确定二氧化碳通量，即土壤呼吸。

计算：

- 这种方法是基于碱石灰吸附二氧化碳的能力，通过质量增重来测量的。以下是这一过程的方程式：

$$2NaOH+CO_2 \rightarrow Na_2CO_3+H_2O$$
$$Ca(OH)_2+CO_2 \rightarrow CaCO_3+H_2O$$

$$CO_2通量 = [(\frac{Sw - Cw}{CA}) \times 1.69] \times \frac{24h}{IP} \times \frac{12}{44}$$

式中：CO_2通量为土壤二氧化碳外排量［克/（平方厘米·天）］；Sw为碱石灰在培养后和培养前的重量差（克）；Cw为对照中碱石灰培养后和培养前重量差（克）；CA为箱体表面积（平方米）；IP为培养期，即碱石灰在田间培养的时间（小时）；24h为碱石灰培养时间；1.69为校正因子，用于计算碱石灰在化学吸收二氧化碳过程中形成的水，及在干燥过程中释放出来的水；12/44为二氧化碳校正系数，每1摩尔二氧化碳与石灰发生化学反应，就会产生1摩尔水，然后在干燥过程中蒸发掉。也就是说，培养后碱石灰干重的增加低估了40.09%（18/44）的二氧化碳。

优点：

- 该方法适用于大尺度农田的空间重复测量和长时间监测。
- 这是一种精确测量土壤呼吸的方法，所用的材料容易获得。
- 与其他测定土壤呼吸的标准方法相比，该方法速度较快。

缺点：

- 它高度依赖土壤条件，如土壤温度、水分和质地，这使得它不能普遍适用。
- 由于可能包含一些根呼吸，该方法可能导致微生物土壤呼吸被高估，尤其是在有无数草根的草原或牧场。
- 分析天平需要显示至少两位小数的结果，否则可能导致称量结果不准确。

适宜性（气候、作物、土壤类型）：

- 该方法在中等质地的土壤中效果较好。
- 在潮湿气候下效果不好。

附件：土壤视觉评估

说明：

土壤的物理性质对土壤的良好运转和农业生产力至关重要，它们控制水和空气在土壤中的流动，影响根系在土壤中的延伸。即使在土壤养分状况良好的情况下，土壤退化也可能通过影响土壤物理性质，带来作物生产力的降低。通常，土壤物理质量的下降很难补救，并可能增加土壤侵蚀等其他土壤退化过程的风险。

土壤视觉评估是FAO在2008年发布的一项评估，其基础是在记分卡上呈现关键土壤状态和能够指示土壤质量的植物性能指标。除土壤质地指标外，其他土壤质量指标是动态指标，即随不同管理制度和土地利用方式产生变化。这些评估指标对变化敏感，是土壤状况变化的有效早期预警指标，因此可对土壤质量变化提供有效的监测。

土壤许多的物理、生物属性和少部分化学属性都可以通过视觉特征来进行表征，因此可以通过实地的目视评估和田间症状来大致评价土壤健康状况。本节将展示如何通过视觉土壤评估以下土壤特性：

（1）土壤质地

（2）土壤结构和稳定性

（3）土壤孔隙度

（4）土壤颜色

（5）斑点的数量和颜色

（6）蚯蚓数量

（7）潜在生根深度

（8）地表积水

（9）地表结壳和地表覆盖

（10）土壤侵蚀

开展本次评估所需材料：

- 铁锹
- 塑料盆
- 硬方板

- 结实的塑料袋
- 一把刀
- 一个水瓶
- 卷尺
- 本手册，用于将土壤状况与土壤视觉评价标准进行比较
- 记分卡（附图1）

开始之前：

何时应进行土壤视觉评估？

试验应在土壤湿润且适宜栽培时进行。如果不确定土壤是否可以进行测试，可以使用"蠕虫测试"（worm test），以确定土壤是否符合测试条件。

蠕虫测试：

用一只手的手指在另一只手掌上滚动泥土，直到它形成达到50毫米长和4毫米厚的"蠕虫"。

如果在"蠕虫"形成之前土壤已经开裂，或者不能形成"蠕虫"（例如，如果土壤是沙质的），那么这时土壤是适合测试的。如果能做"蠕虫"，说明土壤太湿无法测试。

土壤视觉评估测试设置：

时间：每个测试地点至少需要25分钟左右的测试时间。为了保障测试结果具有代表性，测试面积应超过5公顷，取样点数应至少有4个点。

参考样品：从取样地点的附件栅栏或类似的保护区下面取一个100毫米×50毫米×100毫米大小的土壤样品，这个样品将作为参考样品，以呈现不受人为干扰的土壤状态。参考这一样品，可以为测试土壤样品的颜色进行合理的打分，比较土壤结构和孔隙度。

取样位置：所选取的取样位置应当具有代表性。由于农田内的土壤条件具有空间分异性，因此避开某些区域（如农机经常通过的区域）对于测试的准确性非常重要。

站点信息：应在记分卡顶部进行站点信息的记录，并在记分卡的笔记部分记录相关的信息。

土壤视觉评估试验：

土壤视觉评估是基于关键土壤状态和与土壤质量相关的植物视觉表现而

进行的评价，其评价结果记录在记分卡上。除土壤质地指标外，其他土壤质量指标是动态指标，即随不同管理制度和土地利用方式产生变化。这些评估指标对土壤状况变化敏感，是土壤状况变化的有效早期预警指标，因此可对土壤质量变化提供有效的监测。

初步观察：评估的第一步是用铲子挖一个约200毫米×200毫米、300毫米深的小洞，观察表层土和上层底土是否存在。在初步观察时，需要注意观察土壤是否均匀，以及土壤是软和易碎的状态还是硬和牢固的状态。初步观察时，可以用一把刀来辅助。

土壤质量视觉评估指标	目测评分0＝差、1＝中等、2＝良好	权重	视觉评分
土壤质地		×3	
土壤结构		×3	
土壤孔隙		×3	
土壤颜色		×2	
土壤斑点的数量和颜色		×2	
蚯蚓（数量＝）（平均尺寸＝）		×3	
潜在生根深度		×3	
地表积水		×1	
地表结壳和地表覆盖		×2	
土壤侵蚀（风/水）		×2	
土壤质量指数（视觉评分总和）			

土壤质量评估	土壤质量指数
差	＜15
中等	15～30
良好	＞30

补充和观察资料

附图1　土壤记分卡——一年生作物农田的土壤视觉评估

取试验样品：如果表层土看起来是均匀的，用铲子挖出一个200立方毫米的土壤样品。土壤取样可以在所需的深度进行，但需要确保取样体积是200立方毫米。

跌落粉碎试验：将以上测试样品从1米的高度跌落最多3次到塑料箱的木方框上。我们可以通过样品从地上落下的次数和落下的高度了解土壤的质地和土壤破碎的程度。

（1）土壤质地

关联性及重要性：

土壤质地是描述矿物颗粒大小的指标。具体来说，它是指土壤中各种不同大小颗粒的相对比例，例如沙粒、粉粒和黏粒。沙粒是指颗粒尺寸>0.06毫米的部分；粉粒粒径大小在0.06 ~ 0.002毫米；黏粒的粒径<0.002毫米。土壤质地可以在若干方面影响土壤行为，特别是土壤的持水性和水分有效性、土壤结构、通气性、排水性、适耕性和农机通行能力、土壤生命维持以及营养物质的供应和保留能力。了解土壤质地类别和潜在生根深度，可以大致评估土壤的总持水能力，这是作物生产的主要驱动因素之一。

步骤：

- 从表层土壤中取一小块土壤样本(约拇指大小的一半)，再取一个代表底层土壤的样本。
- 用水湿润土壤，用拇指和食指在手掌上揉搓，使其达到最大黏性。
- 尝试将土壤团成一个土球，根据附表1给出的标准评估土壤的质地。
- 根据经验，一个人可以通过感觉直接估计沙土、粉土和黏土的百分比，进而评估质地，参考质地图获得质地类别。
- 在某些情况下，根据土壤的自身性质，质地评分往往需要进行修正。例如，在土壤中有机质含量相当高，腐殖质含量达到15% ~ 30%时，应将质地评分提高1（例如从0到1或从1到2）。如果土壤有显著的砾石或石质成分，则将质地评分降低0.5。
- 在一些情况下，作物对特定质地有着特殊的偏好，这时也需要修改质地评分。

附表1　如何对土壤质地评分

良好（2分）：	土壤质地分类为粉沙壤土。土壤质地感触平滑，类似于肥皂，略微具有黏性，不含沙粒，当它被压平在手掌上时，会产生裂缝。
中上等（1.5分）：	土壤质地分类为黏质壤土。土壤质地触感非常光滑、黏稠且具有可塑性。把它攥成一个球形，当压平时变形但不裂开。
中等（1分）：	土壤质地分类为沙质壤土。土壤中略有沙砾。它能被攥成一个球形，被压平时会感受到压力。
中下等（0.5分）：	质地类别为壤质沙土、粉质黏土或黏土。对于壤质沙土，土壤质地是沙质的，可以发出微弱的刺耳声音。把它攥成一个球，当压平时会解体。对于粉质黏土和黏土，其质地非常光滑，非常黏，具有强可塑性。把它攥成一个球，压平后会变形，但没有任何裂缝。
差（0分）：	质地分类为沙土。土壤的质地是带有沙粒的沙子，不能被攥成一个球。

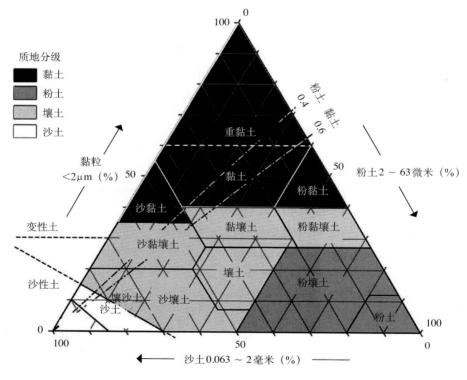

附图2　土壤质地分类

注：改编自 FAO《土壤类型指南》，2012。

（2）土壤结构和稳定性

关联性及重要性：

土壤结构对耕地种植极为重要。它对以下土壤功能具有重要调节作用：

- 土壤通气和气体交换速率；
- 土壤温度；
- 土壤入渗和侵蚀；
- 水的流动和储存；
- 营养供应；
- 根系穿透力和发育；
- 土壤适耕性；
- 土壤机械通过能力；
- 土壤对结构退化的抵抗能力。

良好的土壤结构降低了土壤对车轮行驶压实的敏感性，增加了农用机械可以进入农田进行作业的时间，以及在最佳土壤条件下进行免耕、少耕和行间耕作的机会。土壤结构由土壤团聚体和土块的大小、形状、硬度、孔隙度和丰富程度决定。具有良好结构的土壤具有易碎的、细小的、多孔的、半棱角的和近棱角的（坚果状）团聚体。结构较差的土壤则往往由体积大、密度大、非常坚硬、有棱角或半棱角状的块状土块紧密地结合在一起，具有很高的抗拉强度。

步骤：

- 用铁锹（在车轮轨道之间或沿车轮轨道）取200立方毫米的表土。
- 将土样从1米的高度下落到固定住的塑料盆中，最多3次。如果大块的土块在第一次或第二次下落后分开，将每一块再次单独下落1～2次。如果一块土块在第一次或第二次掉落后碎裂成小的单元，那么它就不需要再次掉落。不要让任何一块土壤掉落超过3次。对于沙壤土质地的土壤，只需从0.5米的高度落下1次。
- 将土壤转移到大塑料袋上。
- 对于壤土或沙质的土壤，仅从50毫米的高度一次性将土块放在铁锹上，然后翻转铁锹，将土撒到塑料袋上。
- 用非常轻柔的压力，尝试用手沿着裂开的裂缝或裂纹将每块土块都分开。如果土块不容易分离，不要再进一步施加压力（因为当不容易分离时，说明裂缝和裂缝可能不是连续的，土壤不能很好地传导氧气、空气和水）。

- 把最粗的部分移到一端，把最细的移到另一端。在塑料袋上安排土块的分布，使各塑料袋上的土块高度大致相同，以便观察团聚体大小的分布。附图3给出了团聚体分布的判断标准。该方法适用于各种湿度条件，但最好在土壤湿润至微湿润时进行，应尽量避免干燥和潮湿的环境。

如何对土壤结构进行评分

良好状态（2分）：	土壤以易碎的细颗粒为主，没有任何明显的结块迹象。颗粒是次圆形和多孔的。
中等状态（1分）：	土壤中含有粗土块，也有易碎颗粒（50%）。粗土块坚硬，略带棱角或有尖角，几乎无孔。
状态差（0分）：	土壤以粗土块为主，含有极少的细颗粒。粗土块坚硬，有棱角或略带棱角，几乎无孔。

© FAO/土壤视觉评估——年生作物

良好状态 2分
土壤以易碎的细颗粒为主，没有明显的结块，通常是亚圆形（坚果状）且多孔的。

中等状态 1分
土壤含有很大比例（50%）的粗土块和易碎的细颗粒。粗土块坚硬，呈次棱角状或角状，几乎无孔。

状态差 0分
土壤以粗土块为主，几乎没有较细的颗粒。土块坚硬，呈棱角状或次棱角状，几乎没有气孔。

附图3　土壤结构评分示意

（3）土壤孔隙度

关联性及重要性：

评估土壤孔隙度和土壤结构是很重要的。土壤孔隙，特别是大孔隙对土壤中空气和水的运动具有重要作用。结构良好的土壤在团聚体内部和团聚体之间具有较高的孔隙度，但结构较差的土壤在大土块内部可能没有大孔隙和微孔隙，这会限制土壤的排水和通气。通气不足导致二氧化碳、甲烷和硫化物气体在土壤中积累，降低植物吸收水分和养分的能力，特别是氮、磷、钾和硫。植物只能利用硫酸盐（SO_4^{2-}）形态的硫，以及硝酸盐（NO_3^-）和铵态氮（NH_4^+）形式的氮。因此，只有在通气充足的土壤中，植物才能有效地吸收和利用硫和氮。通气良好的土壤，通常具有较高的微生物和蚯蚓数量、活性以及生物多样性，它们能够更有效地分解有机质和养分，使之形成良好的循环。土壤孔隙的存在可以促进表层根系（或毛细根）在土壤中发育和增殖。在土壤孔隙较少时，根系无法穿过坚固的、紧实的土壤生长，这会严重限制植物利用土壤中有效水分和养分的能力。土壤的高穿透抗性不仅会限制植物对水分和养分的吸收，还会大大降低肥料的利用率，增加植物对根系疾病的敏感性。与此同时，具有良好孔隙度的土壤所产生的温室气体排放较低。温室气体通常会在土壤孔隙持水达到一定程度时而大量产生，而土壤孔隙度越大，土壤的排水性越好，其到达温室气体大量排放临界水平的可能性就越小。土壤孔隙度应当被保持在1以上。

步骤：

- 从挖好的土洞里取出一块土壤（约100毫米宽，150毫米长，200毫米深），并将其一分为二。
- 通过与附图4中的3张照片对比，检查样品裸露表面的土壤孔隙度，查看土壤团聚体之间和内部的孔隙和裂缝等。
- 在对单个土块检查基础上，可进一步检查多个土块的孔隙度，进一步确认和补充相关信息。

如何对土壤孔隙度评分

良好状态（2分）：	土壤的团聚体间和团聚体内部有许多的大孔隙和明显的微孔隙，是土壤具有良好结构的表现。
中等状态（1分）：	土壤有大孔隙和微孔隙，但是并不是特别清晰，只有在仔细看的时候才可以发现，土壤有中等程度的固结。
状态差（0分）：	土壤没有可以看到的大孔隙和微孔隙，土壤紧实，结构性很差，土块的表面光滑、有小的裂纹或洞，可能呈现尖锐的棱角。

良好状态 2分
在土壤的团聚体间和团聚体内部有许多与土壤结构有关的大孔隙和明显的微孔隙。

中等状态 1分
土壤的团聚体间和团聚体内部有大孔隙和微孔隙，但在仔细看的时候才可以发现，土壤有中等程度的固结。

状态差 0分
土壤没有可以看到的大孔隙和微孔隙，土壤紧实，结构性很差，土块的表面光滑、有小的裂纹或洞，可能呈现尖锐的棱角。

附图4　土壤孔隙度评分示意

© FAO/土壤视觉评估——一年生作物

（4）土壤颜色

关联性及重要性：

　　土壤颜色是土壤质量的一个非常有用的指标，因为它可以间接地衡量土壤许多有用的特性，而这些特性不容易被准确地评估。一般来说，土壤颜色越深，土壤中有机质的含量就越多。通常，土壤颜色的变化可以反映出特定土地使用或管理下土壤有机物的变化。土壤有机质对土壤中大多数生物、化学和物理过程起着重要的调节作用，这些过程共同决定着土壤的健康。与此同时，土壤有机质可以促进水的渗透和保持，并有助于形成良好且稳定的土壤结构，缓冲车轮和耕作机械的影响，减少风蚀和水蚀的可能性。土壤有机质含量的变化核算结果，在一定程度上可以说明土壤在温室效应中起碳汇还是碳源作用。与此同时，有机质也为土壤生物提供重要的食物资源，是植物养分的重要来源和主要贮存库。土壤有机质的下降会引发土壤的肥力和养分供应潜力的下降，使得作物对氮、磷、钾、硫等营养元素的需求量显著增加，加剧其他大量和微量元素的淋失，增加作物对养分投入的需求和肥料投入的依赖。与此同时，土壤颜色也可表征土壤排水和土壤通气程度。除有机质外，土壤颜色还受铁和锰化学形态（或氧化状态）的显著影响，如果土壤没有斑点，并且呈现棕色、黄褐色、红褐色和红色，则表明铁和锰以氧化的铁氧化物（Fe^{3+}）和锰氧化物（Mn^{3+}）的形式存在。如果土壤呈现灰蓝色，则表明土壤排水不良、长期涝渍和通气不良，在这种情况下，铁和锰变成了亚铁（Fe^{2+}）和锰氧化物（Mn^{2+}）。不良的透气性和长时间的涝渍会进一步引起一系列化学和生化还原反应，产生毒素，如硫化氢、二氧化碳、甲烷、乙醇、乙醛和乙烯，这些毒素会破坏根系。这会降低植物吸收水分和营养的能力，降低植物活力并使得植物易遭受病害。与此同时，容易涝渍的土壤中产生的丝核菌属、腐霉属、镰刀菌属根腐病，这些病害也会导致根系的腐烂和枯死。

步骤：

- 取田间少许土壤，将其与篱笆下或类似保护区的土壤颜色进行比较。
- 利用给出的3张照片和标准，比较土壤颜色发生的相对变化。
- 需要注意的是，由于表土颜色在不同土壤类型之间会有明显的差异，这些照片说明的是不同土壤颜色之间的相对差别，而不是土壤的自身颜色。

如何对土壤颜色评分

良好状态（2分）：	表土呈深色。表土的颜色与栅栏下土壤的颜色没有太大的差别。
中等状态（1分）：	表土颜色比栅栏下土壤颜色浅，但色差不显著。
状态差（0分）：	土壤颜色比栅栏下土壤颜色浅很多。

良好状态 2分
深色的表土，和栅栏下土壤的颜色基本没有差别。

中等状态 1分
表土的颜色比栅栏下的颜色要淡一些，但不明显。

状态差 0分
与栅栏下的土壤颜色相比，土壤颜色要明显浅很多。

© FAO/土壤视觉评估——一年生作物

附图5 土壤颜色评分示意

（5）斑点的数量和颜色

关联性及重要性：

土壤斑点的数量和颜色可以很好地说明土壤的排水和通气情况的好坏。通过查看土壤中斑点的数量和颜色，可以较为及时地发现车轮行驶和过度耕作造成土壤压实和结构破坏。土壤结构的破坏会减少输送水和空气的孔隙数量，由此导致长时间的内涝和缺氧。厌氧条件会使铁和锰从棕色或橙色的高价态铁（Fe^{3+}）、锰（Mn^{3+}）离子变成灰色的低价态铁（Fe^{2+}）和锰（Mn^{2+}）离子。随着铁和锰氧化还原反应的进行，土壤斑点颜色会变成不同深浅的橙色和灰色。随着氧气的继续减少，橙色最终变为灰色，并呈现出明显的斑纹。如果土壤中有大量的灰色斑纹出现，则表明土壤在一年的大部分时间里排水和通气状况都很差。若土壤中只有橙色和少部分灰色斑点（10%～25%）出现，则表明土壤排水不完全，具有周期性的涝渍。只有少数橙色斑点或没有斑点表明土壤排水良好。当土壤通气性差时，植物对水分的吸收会减少，导致植物萎蔫，同时也会减少植物对养分的吸收，特别是氮、磷、钾、硫和铜。不良的土壤通气还会阻碍有机残留物的分解，引起化学还原和生物化学还原反应，产生硫化物气体、甲烷、乙醇、乙醛和乙烯等物质，对植物根系形成毒害。此外，在斑驳严重、通风不良的土壤中，一些丝核菌属、腐霉属、镰刀菌属根腐病、基腐病和冠腐病等真菌病害的发生也可能导致根系腐烂和枯死。真菌病害的发生以及水分、养分吸收的减少会导致植物活力差、易遭受病害。如果对土壤斑点情况的评分≤1，需要对土壤的透气性进行改良。

步骤：

- 从洞边取土样（约100毫米宽、150毫米长、200毫米深），并与3张照片进行比较，确定斑点所占土壤的百分比；
- 斑点是由具有不同颜色的色斑在土壤的主体颜色上点缀而成。

如何对土壤斑点评分

良好状态（2分）：	土壤中一般无斑点。
中等状态（1分）：	土壤有少量小的和中等大小的橘色和灰色斑点，占土壤样品的10%～25%。
状态差（0分）：	土壤有中等或较大的橘色和灰色斑点，占土壤样品的50%以上。

良好状态 2分
通常不存在斑点。

中等状态 1分
土壤有少量（10%～25%）的小的和中等大小的橘色和灰色斑点。

状态差 0分
土壤有丰富（>50%）的中等大小或者比较大的橘色和灰色斑点。

附图6　土壤斑点评分示意

（6）蚯蚓数量

关联性及重要性：

蚯蚓的种群密度和种类受到土壤性质和管理措施的直接影响，是土壤生物健康状况的良好指标。蚯蚓通过挖洞、进食、消化和排泄过程会对土壤化学、物理和生物性质产生重大影响。它们可以粉碎和分解植物残留物，并将其转化为有机物，从而释放矿物养分。蚯蚓粪便中含有的植物有效氮比不含蚯蚓的土壤高5倍，所含磷高3～7倍，钾高11倍，镁高3倍。蚯蚓粪便中还含有较多的钙和植物可利用的钼，同时具有较高的pH、有机质和含水量。蚯蚓还可以有效调节土壤通气状况和物理性质，改善以下方面的土壤质量：

- 土壤孔隙度；
- 土壤通气；
- 土壤结构和土壤团聚体的稳定性；
- 保水性；
- 渗水性；
- 排水性。

蚯蚓还能减少地表径流和侵蚀。它们通过分泌植物生长激素促进植物生长，同时创造出营养丰富的蠕虫通道，使根系快速生长，增加根系密度和根系发育。蚯蚓的粪便每年在地表上的沉积量为25～30吨/公顷，另外有70%是埋在土壤表层以下。因此，蚯蚓在耕作土壤中发挥着重要作用，其能显著提高作物生长速率、作物产量和蛋白质水平。

蚯蚓还可增加土壤微生物的数量、活性和多样性。放线菌在蚯蚓活动的土壤地带中可增加6～7倍，并与其他微生物一起在有机物分解为腐殖质的过程中发挥着重要作用。而诸如菌根真菌一类的土壤微生物，则在养分供应、消解土壤、释放被土壤固定养分（如磷等）中具有重要作用。与此同时，微生物本身也含有大量的营养物质，当它们死亡后，这些营养物质会被释放出来。此外，土壤微生物还能产生植物生长激素和调控物质，刺激根系生长，改善土壤结构，提高通气性、渗透和持水能力。土壤微生物通过彼此之间的相互协作，可以在显著增加作物产量的同时减少化肥的需求量。

蚯蚓的数量（和生物量）通常取决于土壤中作为蚯蚓食物的有机物质数量和土壤微生物，其受到所种植的作物、表面残留物的数量和质量、覆盖管理措施和耕作方法的影响。在免耕条件下，蚯蚓的数量可以比传统耕作高出3倍。与此同时，蚯蚓的数量还受土壤湿度、温度、质地、土壤通气性、pH、土壤养分（包括钙含量）以及肥料和氮源的类型和用量的影响。过度使用酸性盐基肥料、无水氨和氨基产品，以及一些杀虫剂和杀菌剂，会减少土壤中蚯蚓的数量。

与此同时，土壤应具有良好的蚯蚓物种多样性，主要包括：①在表层或靠近表层的物种，它们通常会分解表层植物残体和粪便；②居住在上层土壤的物种，它们通常在上层200～300毫米的土壤中挖洞并摄食土壤，同时将土壤进行混合；③深穴物种，通常将植物凋落物和有机物质拖拽到深处与土壤混合。通过蚯蚓的种类信息，可进一步揭示土壤的状况。例如，大量的黄尾蚯蚓（*Octolasion cyaneum*）存在时，表明土壤状态较差。

步骤：

- 手工进行蚯蚓数量的计数，通过下面的评分标准（附图7）对土壤中的蚯蚓大小和数量进行评分。蚯蚓的大小和数量因种类和季节而异，因此，为了进行年际的比较，蚯蚓的计数必须在每年同一时间进行，且最好选择土壤湿度和温度水平良好的时间。在计数时，通常对200立方毫米土壤内的蚯蚓数量进行计数，然后转化为每平方米的蚯蚓数量进行报告。一个200立方毫米的样本相当于1/25平方米，所以蚯蚓的数量需要乘以25才能转化为每平方米的数量。

如何给蚯蚓评分

视觉评分良好（2分）：	在200立方毫米的土壤中有超过30条的蚯蚓，包含3种或更多品种。
视觉评分中等（1分）：	在200立方毫米的土壤中有15～30条蚯蚓，包含2种或更多品种。
视觉评分差（0分）：	在200立方毫米的土壤中，蚯蚓数量少于15条，最多只有1种。

© FAO/土壤视觉评估——一年生作物

附图7　蚯蚓评分标准示意

（7）潜在生根深度

关联性及重要性：

根系在土壤中的生长会因土壤状况而受到阻碍，潜在生根深度是指植物根系在遇到阻碍之前所能达到的土壤深度，其表征土壤为植物提供适宜根系生长介质的能力。生根深度越大，土壤的有效持水能力越大。在干旱时期，深根可以获得更大的水分储备，从而减轻水胁迫，保障非灌溉作物的生存。深根在大量土壤中延伸，意味着作物可以获得更多的大量和微量元素，进而使得作物生长得以加快，作物产量和质量得以提高。相反，如果土壤中存在密实或坚硬的高穿透阻力土层，作物的生根深度、根的垂直生长和发育就会受到限制，使得根系趋向侧向生长。这会限制植物对水分和养分的吸收，降低肥料利用率，增加淋溶损失，降低作物产量。土壤对根系生长的高阻力会对植物生长构成胁迫，增加植物对根系疾病的敏感性。此外，硬质土层的存在会阻碍空气和水在土壤剖面上的流动，使得土壤更容易发生涝渍和侵蚀。

潜在生根深度受到以下因素的影响：
- 土壤质地的突然变化；
- pH；
- 铝(Al)毒性；
- 营养缺乏；
- 盐度；
- 由碱性导致的高压实度；
- 犁底层；
- 地表附近胶结的岩层或基岩；
- 地下水位较高且波动程度较大；
- 土壤氧气水平较高。

缺氧和长时间涝渍会形成厌氧条件，这会使得土壤中积累硫化氢、硫酸亚铁、二氧化碳、甲烷、乙醇、乙醛、乙烯及其他的化学和生化还原反应的副产品，这些有毒物质会抑制根系生长。作物较深且有活力的根系，有助于改善土壤有机质水平和深层土壤生命。根系和土壤动物的物理作用以及它们所产生的黏液，可以改善深层土壤的结构、孔隙度、水分储存、土壤通气和排水。深而密的根系有助于作物产量的提高，同时有助于提高农业生产的环境效益。在这样的情况下，作物不需要频繁和大量的肥料及氮源投入就可以保障自身生长，作物可以更多地吸收土壤中的养分，减少这些养分通过淋溶迁移到环境中时所带来的损失。

步骤：

- 通过挖洞来确定土壤中根系生长限制层的深度，在挖洞的过程中，应观察土壤中是否存在生长根系和老根系通道、蠕虫通道、裂缝和其他可供根系延伸生长的缝隙。
- 与此同时，也要注意观察根系在某一土层是否过厚以及根系是否呈现出被迫水平生长的迹象，前者通常是土壤高穿透阻力的结果，而后者被称为直角综合征（Right-angle Syndrome）。此外，还要注意观察土壤的坚实度和紧密性变化，观察土壤是否由于长期涝渍呈现灰色或者潜育化，观察土壤中是否有硬质层，并判断其是由于人为耕作或犁底层出现而形成的，还是由于铁质、硅质或钙质存在而自然形成。当土壤质地从细质地向粗质地（如沙层或砾石层）突然过渡时，根系的生长也会受到限制。另外，如果在田块边缘有田块与道路之间的土壤剖面断层或露天排水沟，可以在挖洞之前通过观察这些地方露出来的土壤和根系对潜在生根深度进行初步的估测（附图8）。

在左侧案例中，潜在生根深度位于箭头下方，因为此处的土壤非常坚固，非常紧密，没有根或老根生长通道，没有蠕虫通道，也没有根可以延伸的裂缝和裂纹。

附图8 潜在生根深度示意

（8）地表积水

关联性及重要性：

地表积水的出现和积水在地表停留的时间可在一定程度上反映出水分渗透和穿过土壤的速度、地下水位的高度和土壤维持饱和状态的时间。长时间的涝渍会耗尽土壤中的氧气，导致厌氧（缺氧）条件，从而引起根系胁迫，限制根系呼吸和生长。根系需要氧气进行呼吸，春季植物根系和枝条生长旺盛，呼吸和蒸腾速率较高，对氧气的需求量很大，这时作物生长最容易受到地表积水和土壤水饱和状况的影响。夏季的蒸腾速率最高，这时作物生长也容易受积水影响。此外，涝渍还会导致具有养分和水分吸收功能的细根死亡，这会使得作物蒸腾时的根系吸水减少，导致叶片干枯和植株枯萎。长时间的涝渍还会增加根腐病、腐霉病和枯萎病等病虫害发生的可能性，降低根系对表土中土著病原菌的抵抗能力。通风不良和土壤长时间饱和会降低作物对蚜虫、黏虫、地黄虫和线虫等害虫的抗性。作物活力下降，会对作物的春季生长构成影响，表现为作物冠层发育不良和生长萎缩，植株变色和死亡。

涝渍和脱氧还会引起一系列不良的化学和生化还原反应，其副产物对根系有毒。在这样的情形下，植物所能利用的硝态氮（NO_3^-）经反硝化反应被还原为亚硝酸盐（NO_2^-）和强温室气体氧化亚氮（N_2O），植物所能利用的硫酸盐（SO_4^{2-}）会被还原为硫化氢（H_2S）、硫化亚铁（FeS）和硫化锌（ZnS）等硫化物。与此同时，铁被还原为可溶的亚铁（Fe^{2+}）离子，锰被还原为锰（Mn^{2+}）离子。除了产生有毒的产物以外，这些反应的发生也减少了土壤中可被作物利用的氮和硫元素。此外，微生物的厌氧呼吸会产生二氧化碳、甲烷、氢气、乙醇、乙醛和乙烯等有害物质，这些物质在土壤中的积累会抑制根系的生长。与有氧呼吸不同，厌氧呼吸以三磷酸腺苷（ATP）和腺苷酸能荷（AEC）的形式释放出能量，所释放的能量通常较少，不足以满足作物和微生物的需求。

作物根系对地表积水和涝渍的耐受性取决于许多因素，包括季节和作物类型。耐涝性还取决于土壤和空气温度、土壤类型、土壤状况、地下水位波动，以及受初始土壤氧含量和氧气消耗速率等因素影响的缺氧症的严重程度。长时间的地表积水会加重车轮行驶对土壤的影响，从而减少了车辆在农田中的通行时间。与此同时，地表积水的蒸发，会阻碍饱和土壤的温度上升，如果种床温度低于作物正常出苗的临界温度，播种期就可能延迟。因此，涝渍可显著延缓整地和播种日期。

步骤：

- 根据对春季湿润期过后积水消失时间的观察或大致回忆，评估表面积水的程度（附图9）。

如何对由于土壤饱和导致的地表积水评分

良好状态（2分）：	在饱和或接近饱和的土壤中，地表积水在强降雨1天后消失。
中等状态（1分）：	在饱和或接近饱和的土壤中，强降雨2～4天后，土壤表面有中度积水。
状态差（0分）：	在饱和或接近饱和的土壤中，强降雨5天内仍有明显的地表积水。

© 粮农组织/土壤视觉评估——一年生作物

附图9　地表积水示意

（9）地表结壳和地表覆盖

关联性及重要性：

地表结壳会减少水分的入渗和土壤中的水分储存，增加径流。与此同时，地表结壳还会减少通气，形成厌氧条件，并延长地表积水的滞留时间，这可能会使得农业机械数月时间内不能进入田间。结壳在质地细密、颗粒物稳定性结构差以及含有分散性黏土矿物的土壤中最为明显。

在作物收割后至下一种作物冠层覆盖前，采取地表覆盖措施有助于减少雨水或灌溉对土壤表面的分散，从而防止结壳。地表覆盖能拦截大的雨滴冲击，避免雨滴冲击压实土壤表面，有助于减少结壳。植被及其根系将有机质返回到土壤中，可提高包括蚯蚓在内的土壤生物的数量和活性。根系和土壤动物的活动及其产生的黏液，有助于改善土壤结构、土壤通气性和排水性，进而有利于破除地表结壳。土壤水渗透率和流动性的增加，可降低径流、土壤侵蚀和山洪暴发的风险。地表覆盖能通过拦截具有较高冲击力的雨滴，减少雨滴飞溅来降低土壤侵蚀风险。与此同时，地表覆盖还能起到海绵的作用，延长雨水在土壤中的保持时间，使其能够渗透到土壤中。此外，根系通过稳定土壤表面来减少土壤侵蚀，在强降雨事件中使土壤保持在适当的位置而不发生移动，通过降低泥沙负荷、营养物质和大肠菌群含量使下游的水质得到改善。采用保护性耕作可使土壤侵蚀减少90%，水径流量减少40%。地表需要有至少70%的覆盖度才能提供良好的保护作用，而≤30%的覆盖度则不能起到保护效果。此外，地表覆盖也能显著降低风蚀的风险。

步骤：

- 观察表面结壳和表面覆盖的程度，并与下面给定的标准（附图10）进行比较。表面结壳通常在土壤经历湿润—干燥过程之后和栽培之前进行评估。

如何对土壤结壳和地表覆盖评分

良好状态（2分）：	几乎没有表面结壳，或表面覆盖在70%以上。
中等状态（1分）：	表面结壳厚2～3毫米，含有土壤裂纹，或表面覆盖在30%～70%。
状态差（0分）：	表面结皮厚度超过5毫米，且结壳连续，没有裂纹，或表面覆盖在30%以下。

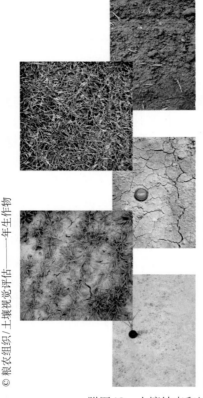

良好状态 2分
地表基本没有结壳；表面覆盖70%以上。

中等状态 1分
表面结壳厚2～3毫米，因明显裂缝而出现断裂；表面覆盖在30%～70%。

状态差 0分
表面结壳厚度超过5毫米，结壳连续，地表几乎没有裂纹；表面覆盖低于30%。

附图10　土壤结壳和地表覆盖评分示意

（左侧竖排）© 粮农组织/土壤视觉评估——一年生作物

（10）土壤侵蚀

关联性及重要性：

土壤侵蚀可造成土壤养分流失、有机质流失、潜在生根深度和有效持水能力的降低，进而降低土壤生产潜力。土壤侵蚀也可能产生显著的场外效应，其可通过增加溪流和河流中的沉积物养分和大肠菌群负荷使水质变差。过度耕作会加剧土壤有机质流失，破坏土壤结构，进而可能引起严重的土壤退化。与此同时，过度耕作还会形成表面结壳和犁底层，降低水在土壤表面上的入渗率和渗透性，导致地表径流增加。对于坡面而言，如果其土壤表面没有被很好地保护，就会发生沟壑、细沟和片状侵蚀等。对于遭受侵蚀的土壤，通常需要借助重型机械进行修复，成本非常高昂。

土壤容易遭受水蚀的程度主要受到以下因素影响：

- 土壤表面植被覆盖的百分比；

- 降雨的数量和强度；
- 土壤入渗率和渗透性；
- 斜坡的坡度和下面的土层和基岩的性质。

过度耕作所导致的有机质损失和土壤结构变化，也会加剧风蚀，从而导致显著的土壤流失。

步骤：

- 根据当前的视觉证据以及对所处地点过去样貌的了解通过下面的标准（附图11）进行评估。

良好状态 2分
几乎没有水蚀。坡脚与坡顶的表层土壤深度差别在150毫米以下。风蚀影响非常小，在有风的日子里，使用耕作机械后只能看到细小的灰尘。大部分被风侵蚀的土壤都留在原地。

中等状态 1分
具有中等程度的水蚀。坡脚区域的表层土壤深度比坡顶区域深150～300毫米。由侵蚀输入到排水沟和溪流中的泥沙非常大。在有风的日子里，使用耕作机械后，可以看到显著的沙尘流。大部分被风侵蚀的土壤都被吹走，但仍然被留在农场内。

状态差 0分
沟壑、细沟和片面侵蚀。坡脚表土深度比坡顶高300毫米以上。由于侵蚀而流入排水渠和溪流的沉积物很多。风蚀较为显著，在刮风的日子里，当使用耕作机械时，会产生很大的尘沙。大量的土壤被吹走，可能会从田间流失，并沉积在农场外。

附图11 土壤侵蚀标准示意

参考文献

Blair, G., Lefroy, R. & Lisle, L. 1995. Soil carbon fractions based on their degree of oxidation, and the development of a carbon management index for agricultural systems. *Australian Journal of Agricultural Research,* 46(7): 1459. https://doi.org/10.1071/AR9951459.

Blair, G., Lefroy, R., Whitbread, A., Blair, N. & Conteh, A.R. 2001. The development of the KMnO4 oxidation technique to determine labile carbon in soil and its use in a carbon management index. *Assessment Methods for Soil Carbon*: 323–337.

Casanellas, J.P. 2013. *Agenda de Campo de Suelos: Información de Suelos para la Agriculturay el Medio Ambiente.* España, Mundi-Prensa. (also available at https://library.biblioboard.com/content/9b37f9e8-c0de-43a0-ad65-bcfff0fe03ca).

Doran, J.W., Stamatiadis, S.I. & Haberern, J. 2002. Soil health as an indicator of sustainable management. *Agriculture, Ecosystems & Environment*, 88(2): 107–110. https://doi.org/10.1016/S0167-8809(01)00250-XFAO. 2006. Guidelines for soil description. 4th ed edition. Rome, Food and AgricultureOrganization of the United Nations. 97 pp.

FAO. Date. General Training – Soil Texture. Fisheries and Aquaculture Department [CDROM]. Rome.

Hoover, C.M., ed. 2008. *Field measurements for forest carbon monitoring: a landscape-scale approach.* New York, NY, Springer. 240 pp.

JG, R., Estefan, G. & Rashid, A. 2002. *Soil-Plant-Analysis Soil and Plant Analysis Laboratory Manual.*

Kalra, Y.P. 1995. Determination of pH of Soils by Different Methods: Collaborative Study. *Journal of AOAC International*, 78(2): 310–324. https://doi.org/10.1093/jaoac/78.2.310.

Keith, H. & Wong, S. 2006. Measurement of soil CO_2 efflux using soda lime absorption: both quantitative and reliable. *Soil Biology and Biochemistry,* 38(5): 1121–1131. https://doi.org/10.1016/j.soilbio.2005.09.012.

Keuskamp, J.A., Dingemans, B.J.J., Lehtinen, T., Sarneel, J.M. & Hefting, M.M. 2013. Tea Bag Index: a novel approach to collect uniform decomposition data across ecosystems. *Methods in Ecology and Evolution*, 4(11): 1070–1075. https://doi.org/10.1111/2041-210X.12097.

Klute, A. & Page, A.L., eds. 1982. *Methods of soil analysis.* 2nd edition. Agronomy No. 9. Madison, Wis, American Society of Agronomy : Soil Science Society of America. 2 pp.

Lal, R., ed. 2001. *Assessment methods for soil carbon.* Advances in soil science. Boca Raton, Fla, Lewis Publishers. 676 pp.

Manitoba Agriculture, Food and Rural Initiatives. 2008. Soil Management Guide. McKenzie, N., Coughlan, K. & Cresswell, H. 2002. *Soil physical measurement and interpretation for land evaluation.* Collingwood, Vic, CSIRO Pub. 379 pp.

Rao Mylavarapu, Jamin Bergeron, Nancy Wilkinson & E. Hanlon. 2020. Soil pH and Electrical Conductivity: A County Extension Soil Laboratory Manual. EDIS, 2020(1). (also available at https://journals.flvc.org/edis/article/view/116038).

Rodrigues de Lima, A.C. & Brussaard, L. 2010. Earthworms as soil quality indicators: local and scientific knowledge in rice management systems. *ACTA ZOOLÓGICA MEXICANA* (N.S.), 26(2). https://doi.org/10.21829/azm.2010.262881.

Shepherd, G., Stagnari, F. Pisante., M & Benites, J. 2008. *Visual Soil Assessment –Field guides for annual crops.* FAO, Rome, Italy. 26 pp. (also available at http://www.fao.org/3/i0007e/i0007e00.pdf).

United States Department of Agriculture (USDA). 2001. *Soil Quality Test Kit Guide* [online]. Washington, D C. [Cited 21 February 2020]. https://www.nrcs.usda.gov/Internet/FSE_DOCUMENTS/nrcs142p2_050956.pdf.

Weil, R., Stine, M., Gruver, J. & Samson-Liebig, S. 2003. Estimating active carbon for soil quality assessment: A simplified method for laboratory and field use. *American Journal of Alternative Agriculture*, 18: 3–17. https://doi.org/10.1079/AJAA200228.

图书在版编目（CIP）数据

土壤测试方法手册：土壤医生全球计划：农民对农民培训计划/联合国粮食及农业组织编著；陈保青，董雯怡译.—北京：中国农业出版社，2021.6
（FAO中文出版计划项目丛书）
ISBN 978-7-109-28153-0

Ⅰ.①土…　Ⅱ.①联…②陈…③董…　Ⅲ.①土壤资源-测试方法-手册　Ⅳ.①S159-87

中国版本图书馆CIP数据核字（2021）第070632号

著作权合同登记号：图字01-2021-2165号

土壤测试方法手册
TURANG CESHI FANGFA SHOUCE

中国农业出版社出版
地址：北京市朝阳区麦子店街18号楼
邮编：100125
责任编辑：郑　君
版式设计：王　晨　责任校对：刘丽香
印刷：中农印务有限公司
版次：2021年6月第1版
印次：2021年6月北京第1次印刷
发行：新华书店北京发行所
开本：700mm×1000mm　1/16
印张：5
字数：100千字
定价：46.00元